POURQUOI LE SMARTPHONE FERA ECHOUER LA TRANSITION ECOLOGIQUE.

DU MÊME AUTEUR

Un monde à changer, petit manuel de transition pour sortir du productivisme, Ed. Marie Delarbre, 2021, 360 p.

Changer le monde à son échelle, Association Conscience et Impact Ecologique, 2019, 152 p.

Dépôt légal : 2023MOI474
ISBN :978-9920-662-08-6

Remerciements

La rédaction de mon second ouvrage a immédiatement suivi la parution du premier. Ces réflexions sont le fruit d'actions toujours plus impactantes qui ne deviennent réalités que par l'implication d'une multitude de personnes pleines d'abnégation.
Je tiens donc à remercier l'ensemble des membres présents ou passés de l'association Conscience et Impact Ecologique qui ont contribué à faire d'elle une fédération d'importance pour dessiner notre avenir commun.
Je suis particulièrement reconnaissant à Lionel, Kenny et Caroline pour leurs relectures attentives.

Il ne s'agit plus de regretter le passé mais de projeter l'avenir.

POURQUOI LE SMARTPHONE FERA ECHOUER LA TRANSITION ECOLOGIQUE.

Floyd Novak

Collection Sapiens
Edevcom-ed

Et le bruit du travail, plein de parole humaine,
Se mêle au bruit divin de la création. [...]
L'homme se fait servir par l'aveugle matière.
Il pense, il cherche, il crée ! À son souffle vivant
Les germes dispersés dans la nature entière
Tremblent comme frissonne une forêt au vent
Victor Hugo : Les voix intérieures

La matière, aujourd'hui vivante, jadis morte,
Hier écrasait l'homme et maintenant l'emporte.
Victor Hugo : Les châtiments

Table des matières

Introduction

« Vous allez assister à une nouvelle forme de, franchement, société robot, où ils sauront comment vous vous comportez. C'est ce qu'on appelle le totalitarisme ». C'est en ces termes qu'Oliver Stone, notamment réalisateur du film *Snowden*, traitant du fameux lanceur d'alerte, qualifie le nouveau jeu *Pokémon Go* en 2016[1]. Probablement loin d'avoir été initialement pensé comme un outil de surveillance des masses, il n'en reste pas moins qu'il a su inspirer la Silicon Valley et ses champions de la collecte de données en nourrissant leurs rêves d'une société sans pouvoirs publics encombrants.

Vous l'aurez peut-être remarqué, le titre de cet ouvrage (comme ses premières lignes) est volontairement quelque peu provocateur. Il a pour objectif d'interpeller sur les enjeux écologiques propres à l'industrie des outils numériques et sur les usages que nous en faisons. Il va sans dire que la situation est plus préoccupante à mesure que les années passent. Effondrement sociétal mettant à mal nos modes de vie actuels, changement climatique alimenté par des boucles de rétroaction que nous sommes en train d'activer telles que la fonte du permafrost, le dépassement des limites planétaires débouchant sur une extinction massive : voilà un résumé radical de ce qui semble nous attendre en l'absence d'une réaction rapide et appropriée. Il existe

[1] < https://www.lepoint.fr/pop-culture/selon-oliver-stone pokemon-go-mene-tout-droit-au-totalitarisme-22-07-2016-2056176_2920. php> (consulté le 26 octobre 2021).

pourtant des signes encourageants, des indications selon lesquelles une véritable transformation culturelle est en marche dans un certain nombre de pays occidentaux. Prenons simplement l'exemple de la France : la consommation de viande y a chuté de 4 % ces dernières années[2], personne ne l'aurait envisagé il y a seulement 10 ans ! L'usage et la possession d'un véhicule personnel ne sont plus du tout une évidence pour les moins de 35 ans[3]. Les parcelles en agriculture biologique sont de plus en plus nombreuses et cela évolue en cohérence avec une distribution bien plus locale qu'auparavant[4], contrairement aux critiques que l'on peut souvent entendre. On peut également avancer le fait que le parti écologiste progresse notablement dans différentes élections et devient le premier parti chez les 18-34 ans[5]. Bien sûr, nous pouvons collectivement acter le fait que toutes ces avancées sont loin d'être suffisantes et que nous devons nous efforcer d'accentuer la teneur de cette transformation culturelle et lui permettre de déboucher sur une véritable transition écologique ou, éventuellement, sur un effondrement productif [6].

Il demeure malheureusement un aspect dont l'évolution n'augure rien de bon : le numérique. Cette industrie est, par exemple, responsable de deux fois plus d'émissions de gaz à effet de serre en 2019 qu'en 2014. Or, nous sommes constamment tentés de nous connecter à cause d'un outil que nous portons en permanence sur nous et

---

[2] FranceAgriMer, « La consommation de viande en France en 2021 », Synthèses conjoncturelles, Juin 2021, n°376.
[3] <https://www.lemonde.fr/m-perso/article/2015/09/18/cette-jeunesse-qui-ne-veut-plus-rouler_4761923_4497916.html> (consulté le 26 octobre 2021).
[4] Observatoire Nationale de l'Agriculture Biologique, « Le marché alimentaire bio en 2019 », Octobre 2020, 86 p.
[5] <https://www.franceinter.fr/politique/europeennes-eelv-premier-parti-des-jeunes> (consulté le 26 octobre 2021).
[6] Lire « Un monde à changer » du même auteur, aux éditions Marie Delarbre.

qui n'est autre que le smartphone (ou téléphone intelligent si l'on souhaite être exigeant).

L'usage que nous faisons du numérique dépasse évidemment ce seul outil. On retrouve ainsi 3 catégories d'appareils :

- Les appareils terminaux en contact avec les utilisateurs : ordinateurs, tablettes, smartphones, écrans, objets connectés, box, décodeurs TV, etc.
- Les serveurs et appareils de stockage de données des organisations fournissant ou utilisant des services numériques (grandes entreprises du web, banques, administrations…), regroupés dans d'immenses centres de données (appelés data centers).
– Les infrastructures des réseaux permettant aux données numériques de circuler (antennes-relais, câbles, fibres, répartiteurs, etc.).

Par ailleurs, 92 % des Français utilisent régulièrement Internet[7] et 77 % d'entre eux sont les heureux propriétaires d'un smartphone[8]. Celui-ci devient alors leur principal moyen de connexion. Définir ce qu'est un smartphone peut paraître surprenant mais, dans la mesure où il s'agit tout de même de l'objet central de cet ouvrage, cela pourrait s'avérer utile pour la suite. Le premier smartphone apparaît en 1992 (il fut créé par IBM Simon), il devient alors le premier outil à écran tactile offrant une multifonctionnalité (messagerie, fax ou encore assistance personnelle). C'est bien sûr Steve Jobs, et sa marque Apple, qui sont les véritables initiateurs du téléphone intelligent moderne avec le lancement de l'iPhone en 2007, annoncé par le fameux discours « Ceci est une révolution ». Comme Bill Gates qui prédisait dès le début des années 90 que tout le monde aurait bientôt un ordinateur en sa possession, Steve Jobs a parfaitement su prédire l'avenir malgré les doutes des médias comme de l'opinion publique. Ce nouvel appa-

---

[7] CREDOC, Baromètre du numérique 2019, 2020, 250 p.
[8] Idem.

reil tient sans aucun doute son attractivité d'une multitude de fonctionnalités qui remplacent certains objets devenus, de ce fait, désuets (lampe torche, appareil photo, réveil, calculatrice, etc.). De plus, il facilite nombre d'activités de la vie quotidienne grâce à sa connexion Internet et à sa disponibilité permanente. **Son adoption par un nombre toujours croissant de personnes a fini par rendre sa possession quasi-indispensable pour la plupart d'entre nous**. La multitude des fonctionnalités qui s'ajouteront ensuite va le rendre toujours plus populaire en permettant à chaque utilisateur d'alléger ou de sublimer son quotidien. Son existence ne doit cependant peut-être pas grand-chose au hasard. On retrouve semblable appareil dans nombre d'œuvres littéraires, ou encore artistiques, plus particulièrement dans le domaine du cinéma. Dans *2001, l'Odyssée de l'espace*, on utilise le « Newspad » ; dans *Star Trek,* les personnages ont recours au « Communicator ». Ces deux objets font référence à un outil capable d'offrir un réseau de communication instantanée.

Le but de cet ouvrage n'est en aucun cas de remettre en question la praticité de l'outil mais d'interroger le lecteur sur les priorités que nous allons être amenés à nous fixer. Émettre le souhait d'un nouveau confort supplémentaire mérite-t-il que l'on sacrifie notre sociabilité, la biodiversité, les ressources naturelles, notre cognition et évidemment nos propres conditions de survie sur notre planète ? Nous serons amenés à remarquer que le smartphone n'est évidemment pas le seul responsable. Néanmoins, il dispose de spécificités qui lui font jouer un rôle majeur tout en constituant un frein supplémentaire au changement social, empêchant notre société de réaliser ce virage qui devient si urgent. Il est vrai qu'il s'agit initialement d'un objet technologique qui apparaît dans la continuité de la logique d'accumulation des besoins, propre au capitalisme, tout particulièrement après la Seconde Guerre mondiale et l'invention du pouvoir d'achat. D'autres l'ont évidemment précédé (ordinateur, box

Internet, télévision, voiture individuelle, etc.) et d'autres encore lui succèdent déjà (interface vocale telle qu'Alexa ou Google Home). Soyons clairs : on fait croire au citoyen consommateur qu'il ne peut se passer de ce nouveau produit afin d'obtenir plus de croissance économique et de s'assurer du succès de notre modèle économique. À cette fin, il faut évidemment que ce produit devienne symboliquement indispensable. Dans le cas du smartphone, les preuves ne manquent pas : certains services ne se contentent plus de se numériser mais donnent priorité aux applications mobiles (Instagram, Pôle Emploi, etc.), des avantages sociaux spécifiques sont accordés aux propriétaires d'un téléphone intelligent (réservation de Vélo'v, la promesse de ne plus se perdre avec un GPS, etc.). La pression sociale fait du smartphone une norme à laquelle on ne peut échapper sans conséquence moqueries, risques d'exclusion, réceptions d'émoticônes carrées □□□□□□□□).

Pour Éric Schmidt, ex-président de Google, le smartphone est une expérimentation à grande échelle qui vise à observer notre acceptation de la technologie au quotidien. En effet, l'on peut considérer cet outil comme un véritable « organe externe », tant son absence handicape son propriétaire. Loin de se contenter de leur succès, les firmes de la Silicon Valley se rêvent en apôtres de leur idéologie politique et économique : le libertarisme. Une véritable évolution moderne du néolibéralisme qui, appliqué depuis près de 40 années comme modèle, nous a amenés à réduire drastiquement le rôle et la puissance de l'État dans tous les domaines. Le libertarisme est une philosophie politique principalement développée aux États-Unis ; il place la liberté comme valeur fondamentale des rapports sociaux, des échanges économiques et du système politique. De ce fait, il s'oppose à toute initiative freinant n'importe quelle forme de liberté, ce qui implique une disparition souhaitable de l'État ou sa limitation à ses fonctions régaliennes. En mélangeant des revendications portant à la fois sur les libertés individuelles (dépénalisation des drogues, libertés sexuelles, liberté d'expression, d'immigration, etc.) et sur les libertés économiques (respect de la propriété privée, libre-échange, réduction drastique de la fiscalité, rejet des politiques sociales de redistribution, etc.), les partisans du libertarisme prétendent dépasser le clivage gauche/droite. Éric Schmidt, Jeff Bezos et les autres grands responsables des GAFAM (acronyme désormais célèbre pour désigner les sociétés Google-Apple-Facebook-Amazon-Microsoft) n'hésitent pas à se réclamer d'idées libertariennes[9] et notamment de leur branche transhumaniste qui prône le développement de la science et de la technologie afin d'augmenter les capacités et la liberté des individus. Ce courant **considère notamment que la capacité de l'humanité à continuer à progresser dépend des progrès technologiques et de leur déploiement, notamment en vue de la conquête spatiale et de l'adaptation au changement climatique.**

La pandémie de Covid-19 que nous avons connue à partir de mars 2020 a plus que jamais mis en évidence l'existence de deux visions de la transition écologique, visions qui se confrontent et qui nous conduiront à effectuer un choix. D'une part, il est à peu près certain que la Covid-19 est une zoonose issue de la destruction des écosystèmes (déforestation, changement climatique, etc.) et des pertes d'habitats pour la biodiversité. En d'autres termes : cet épisode vient nous rappeler ce que nous faisons supporter à notre environnement et l'urgence de la situation à laquelle nous faisons collectivement face. D'ailleurs, selon la Plateforme intergouvernementale scientifique et politique sur la biodiversité et les services écosystémiques (IPBES)[10],

---

[9] < https://www.youtube.com/watch?v=SCpgKvZB_VQ&t=0s> et <https://www.youtube.com/watch?v=Hq89wYzOjfs&t=0s> (consulté le 26 octobre 2021).

[10] L'équivalent du GIEC pour la biodiversité

des centaines de milliers de virus potentiels inconnus existent et certains risquent fort de ravager à leur tour la planète… À moins que nous ne changions radicalement de système économique[11]. Rien de bien compliqué, en somme ! D'autre part, les confinements et les restrictions de liberté ont accordé un boulevard aux GAFAM pour leur développement. Pire, certains de leurs dirigeants se considèrent désormais comme des guides autoproclamés de l'humanité, capables de la conduire vers de nouvelles utopies en proposant une transition écologique technologique, intelligente et surtout numérique. Si le néolibéralisme prétendait mettre en place des instruments de marché et des solutions techniques pour résoudre les problématiques écologiques, le libertarisme des GAFAM prend le relais et remet au goût du jour des réponses déjà passéistes. Nous sommes finalement confrontés à la même opposition qu'auparavant entre les biocentriques (qui considèrent que l'humanité est une espèce parmi d'autres et qu'elle doit composer avec son environnement) et les anthropocentriques (qui estiment que l'humanité est bien supérieure et que l'environnement doit être maîtrisé).

Pour ne rien vous cacher, je ne suis ni un admirateur ni un grand consommateur des technologies numériques. Je n'ai jamais été propriétaire d'un smartphone, d'une tablette ou d'une liseuse. Mon appareil photo comme mon téléphone portable (une bonne vieille brique dira-t-on) font sourire la plupart des personnes que je rencontre et font naître de la part des plus téméraires des commentaires que je commence à connaître par cœur. « C'est ton portable de dealer ? ☺», « Tu veux qu'on se cotise pour t'acheter un vrai téléphone ? ☺☺ » ou encore « Comment tu fais pour ton travail ? : o ». Pour autant, je ne suis pas fondamentalement technophobe et je travaille sur un ordinateur portable (vieux de 6 ans et régulièrement entretenu). L'objectif de ces

[11] <https://ipbes.net/pandemics> (consulté le 26 octobre 2021).

lignes n'est pas de vous rassurer ou de vous décevoir mais de vous permettre de mieux saisir mon propre rapport au numérique et le cadre de pensée dans lequel je me trouve en rédigeant cet ouvrage. En somme, l'acquisition d'un téléphone intelligent ne m'a jamais intéressé car j'ai toujours considéré que je n'en retirerais **aucun bonheur supplémentaire**. Pour être tout à fait honnête, j'ai toujours fui ce genre d'appareils et, cela, bien avant que je devienne écologiste.

Il nous faudra aborder un ensemble de sujets afin de répondre à cette question éponyme : **pourquoi le smartphone fera échouer la transition écologique ?**

Nous aurons ainsi l'occasion de décrire les méthodes d'extraction des métaux, ressources indispensables à la croissance de l'industrie numérique. Partout à travers le monde, les conséquences de cette exploitation s'avèrent désastreuses pour les habitants, les travailleurs et la biodiversité. Nous nous intéresserons également aux liens entre les enjeux les plus préoccupants de notre siècle (notamment le changement climatique et l'épuisement des ressources naturelles) et les outils numériques.

Nous évoquerons ensuite la manière dont les firmes exploitent nos connaissances du cerveau humain et du système hormonal dans le but de rendre l'outil smartphone toujours plus addictif et de remplir des objectifs lucratifs. Leur modèle économique repose effectivement sur la collecte de données personnelles et dépasse largement la seule question des informations déposées sur les réseaux sociaux. Bien évidemment, les impacts cognitifs et sociaux sont déterminants pour saisir les implications sur notre pouvoir d'agir.

Dans un troisième temps, nous serons amenés à caractériser le libertarisme, idéologie politique et économique dont les GAFAM sont les principaux porte-parole. Si des inquiétudes latentes perdurent quant aux conséquences de la fin des États et des pouvoirs publics tels que nous les connaissons, il n'en demeure pas moins que la situation actuelle témoigne de transformations déjà bien réelles, qu'il s'agisse d'effets sur notre rapport au travail ou sur notre liberté d'expression. Enfin, il nous faudra rappeler le caractère central de l'outil smartphone dans l'ensemble des enjeux abordés. Si, comme nous le verrons, l'on peut adopter de bons réflexes visant à un usage sobre du numérique et adapter notre consommation et nos habitudes de navigation, la remise en question du besoin reste sans aucun doute la solution la plus efficace. Cela nous permettra d'imaginer au moins partiellement ce que pourrait être l'utilisation du numérique par une société sobre, résiliente dans le cadre d'une transition écologique exigeante et en opposition au productivisme[12].

[12] Nous entendons ici une transition permettant de mener simultanément de profondes transformations de notre modèle économique et social par des mesures financières, économiques, agricoles et énergétiques visant à définir le bien-être comme objectif de société plutôt que la simple augmentation du PIB.

Partie I
L'outil du dépassement écologique

Chapitre I
Extractivisme numérique

Ce n'est pas le boulot des consommateurs de savoir ce qu'ils veulent. La plupart du temps, les gens ne savent pas ce qu'ils veulent avant que vous le leur montriez.
STEVE JOBS, ANCIEN PDG D'APPLE.

Chaque seconde, 57 téléphones sont vendus dans les circuits économiques officiels, c'est davantage que les brosses à dents[13]. Chacun de ces appareils passe par une succession d'étapes lors de sa fabrication. L'énergie consommée, lorsqu'on fait la somme de chacune d'entre elles, est appelée « énergie grise ». Il faut donc tenter de prendre en compte la production, l'extraction, la transformation, la fabrication, le transport, la distribution, l'entretien et la gestion du déchet. Qu'il s'agisse de pollutions ou d'émissions de gaz à effet de serre, c'est bien l'extraction indispensable des métaux qui génère les conséquences les plus préoccupantes. Le bon fonctionnement de tous nos appareils connectés nécessite en effet une grande variété de métaux que l'on exploite à travers tout le globe : le lithium en Argentine, le tantale en République Démocratique du Congo ou encore l'indium en Chine. Au-delà du fait que l'extraction minière a

---

[13] LALLEMANT P. (réalisation), LUCET E. (création), *Les secrets inavouables de nos téléphones portables* [Reportage], *op. cit.*

forcément un impact environnemental conséquent, le cœur de l'enjeu est avant tout lié à l'ampleur de l'extractivisme en cours. **Notre société productiviste ne peut se satisfaire d'une stagnation, elle cherchera à obtenir encore et encore plus de ressources afin de permettre la consommation de toujours plus d'appareils**. Celle-ci provient de nouveaux « besoins » (l'intelligence vocale artificielle pour ne parler que de la plus marquante de ces dernières années) et de la nécessité de renouveler sans cesse certains équipements (smartphones, ordinateurs, les nouveaux besoins d'hier en somme). Le terme « besoin » peut être nuancé mais n'est pas utilisé par hasard ; bon nombre de ces outils sont désormais perçus comme indispensables pour des questions de sociabilité, de communication, de carrière ou d'accès à certains services du quotidien (GPS, Uber, trottinettes en libre-service, etc.). Par ailleurs, la croissance du nombre d'objets connectés est sans précédent : de 1 milliard en 2010, l'on parviendra à 48 milliards en 2025[14]. La conséquence la plus évidente est bien sûr la multiplication des quantités de déchets d'équipements électriques et électroniques (DEEE), ce qui vient complexifier une équation déjà difficile à résoudre, à savoir : la gestion des déchets électroniques dans leur ensemble. À ce sujet, depuis 1989, 185 pays ont adopté la convention de Bâle qui interdit l'exportation de ces derniers, considérés à juste titre comme dangereux. Malgré cela, bien des industriels concernés poursuivent leur pratique car le traitement des DEEE dans nos pays est très rarement rentable et souvent trop polluant. Ces DEE font alors l'objet de trafic dans les circuits officieux ou sont offerts sous forme de dons aux pays accueillant des décharges. Celles-ci avoisinent des populations miséreuses qui tentent de récupérer les pièces et métaux pour survivre. En d'autres termes, ce sont de véritables bidonvilles qui

---

[14] BORDAGE Frédéric, « Empreinte environnementale du numérique mondiale », GreenIT, Septembre 2019, p. 21.

pullulent autour de nos déchets électroniques. C'est la Chine et son bidonville de Guyu qui remporte la palme ; il s'étale sur une superficie de 52 km², ce qui équivaut à la moitié de la ville de Paris. Néanmoins, depuis 2019, la Chine renvoie ce type de « marchandises » et refuse de demeurer la poubelle de l'Occident. Cela nous place partiellement face à nos propres responsabilités mais modifie aussi et surtout la destination des DEEE. Ainsi, si le Bangladesh demeure une destination prisée, c'est le Ghana qui aujourd'hui en reçoit la majeure partie. Dans ces bidonvilles, la mortalité est bien entendu très importante du fait des maladies respiratoires, de la pollution des eaux et des sols et donc des aliments cultivés sur place[15]. Concrètement, un Français moyen est responsable de l'émission de 21,3 kg de déchets électriques et électroniques chaque année (chiffre en constante augmentation)[16]. Cela comprend les appareils domestiques mais également ceux du travail ou des commodités. Au total, en France, 30 % des DEEE sont exportés, 20 % sont partiellement recyclés après un dépôt en déchetterie ou en point de collecte, le reste étant incinéré après avoir été jeté dans une poubelle « tout-venant »[17]. Pourtant, cela ne représente qu'une minuscule part des déchets émis par l'accélération numérique puisqu'il faut ajouter à ces chiffres la multitude de satellites spatiaux qui finissent comme débris. On estime ainsi qu'il y en aurait 35 millions. Le risque ? Une saturation de l'espace orbital rendant impossible l'envoi de nouveaux satellites ou

---

[15] DANNORITZER Cosima, *La tragédie électronique* [Documentaire], Arte, France, 2014, 86 minutes.

[16] FANGEAT Erwan, Deloitte Développement Durable, DEPROUW Alice, JOVER Marion, CHOUVENC Sarah, PENSEC Alexandra, « Rapport Annuel du registre des déchets d'équipements électriques et électroniques », *ADEME*, 2018, p. 74.

[17] FLIPO Fabrice, DOBRE Michelle, MICHOT Marion, *La face cachée du Numérique*. L'échappée, 2013, 128 p.

même le lancement d'une fusée depuis la Terre. Plus significatif encore en matière de quantités : le produit dont dispose le consommateur ne constitue que 2 % de la masse totale des déchets générés tout au long du cycle de vie de l'appareil en question. Par exemple, pour faire une puce d'ordinateur de 2 g, il faut 2 kg de matériaux, soit mille fois plus[18]. Ces chiffres impressionnants augmentent constamment car notre société de consommation repose sur le renouvellement le plus fréquent possible de nos équipements. Ivan Illich[19] qualifie le moteur de cette logique de « modernisation de la pauvreté »[20]. Lorsqu'un bien devient accessible et qu'il est à la portée de la plupart des consommateurs, il est automatiquement dévalorisé ; le seuil symbolique de pauvreté est alors rehaussé et de nouveaux biens auxquels la masse n'a pas accès sont proposés. Ainsi, la rareté est sans cesse renouvelée et la société ne peut qu'engendrer toujours plus de besoins insatisfaits. Pour les classes populaires, la croissance ne représente alors qu'une promesse à jamais insatisfaite : celle d'une vie meilleure. On parle plus communément d'obsolescence programmée ; le *Code de la consommation* la définit comme étant « l'ensemble des techniques par lesquelles un metteur sur le marché vise à réduire délibérément la durée de vie d'un produit pour en augmenter le taux de remplacement » et la rend passible d'une amende et d'une peine de prison sans que cela ne semble décourager les constructeurs. L'obsolescence peut être physique (une mise à jour du système d'exploitation du smartphone qui épuise plus rapidement la batterie, tendance initiée par Apple[21]) ou symbolique (la pression sociale nous encourageant à acquérir un nouveau modèle). Les

---

[18] Idem.

[19] Philosophe et figure éminente de l'écologie politique.

[20] ILLICH Ivan, *La Convivialité*, seconde édition, Paris, Seuil, 1973, 160 p.

[21] <https://www.linfodurable.fr/technomedias/obsolescence-programmee-que-dit-la-loi-6850 > Consulté le 04/07/20

sociologues estiment d'ailleurs que le véhicule automobile a largement été supplanté par le smartphone comme principal signe extérieur de richesse[22]. C'est la raison pour laquelle une part croissante des personnes s'offrant un nouvel iPhone dès sa sortie recourt à un crédit à la consommation[23]. En économie, l'obsolescence programmée porte un autre nom : la destruction créatrice[24], notion phare de Joseph Schumpeter, considérée comme élément central permettant au capitalisme de se renouveler sans cesse. En d'autres termes, l'obsolescence programmée est inévitable pour le bon fonctionnement de notre système économique et politique actuel. Au-delà de la question des déchets, il va sans dire que cette pression économique entraîne de terribles effets collatéraux dont sont victimes les pays disposant des réserves les plus importantes.

La République Démocratique du Congo (RDC) dispose de 60 à 80 % des réserves de coltan[25], un minerai dont on extrait le tantale, qui s'avère indispensable dans la fabrication des micro-condensateurs d'un smartphone. Sur place, la compétition pour l'accès à cette ressource bat son plein et ne se limite certainement pas à une simple guerre économique. Un conflit civil ravage le pays depuis les années 1990 du fait de l'affrontement de différentes milices armées, entre elles et contre le gouvernement. Il a déjà fait près de 7 millions de victimes, il s'agit ainsi du conflit le plus meurtrier depuis la Seconde

---

[22] BERTRAND Marianne, KAMENICA Emir, "Coming apart? Cultural distances in the United States over times", *National bureau of economic research*, Juin 2018, p. 20. <https://www.nber.org/papers/w24771>

[23] Sofinco, Cofidis et tous les autres organismes de crédit disposent d'offres spécialisées, bien souvent disponibles directement en magasins.

[24] Processus de disparition d'activités productives remplacées par de nouvelles activités du fait du progrès technique.

[25] LALLEMANT P. (réalisation), LUCET E. (création), *Les secrets inavouables de nos téléphones portables* [Reportage], *op. cit.*

Guerre mondiale[26]. Des victimes auxquelles viennent s'ajouter les enfants soldats recrutés par les milices locales et ceux que l'on fait travailler dans les mines (40 000 selon Amnesty International)[27]. Les conditions de travail y sont effroyables ; à Rubaya, on dénombre 50 blessés et 5 morts chaque mois, notamment à cause des éboulements[28]. Le coltan est ainsi exploité et transporté illégalement jusqu'à l'étranger pour financer cette guerre qui ne cesse de s'intensifier avec la multiplication des appareils numériques et en raison de la rentabilité de l'exploitation de ce minerai. Comme souvent, mettre fin au conflit n'a rien d'aisé car le simple boycott par les industriels de métaux en provenance du Congo est rendu quasi-impossible du fait de la multitude des intermédiaires. Une fois extrait, le coltan est racheté par des courtiers puis vendu aux métallurgistes européens, américains et asiatiques qui le font transporter par des compagnies bien connues comme la SDV Transintra, du Groupe Bolloré. Par la suite, il faudra séparer le tantale (le métal) du coltan (le minerai) en vue d'une utilisation industrielle avant de finalement confectionner les condensateurs qui seront utilisés par l'ensemble des sous-traitants d'Apple, de Samsung, d'Amazon… À travers ces différentes opérations, la matière première gagne alors énormément en valeur ajoutée, mais la population de la RDC ne profite pas de cette ressource qui est pourtant la sienne. On pourrait même considérer qu'elle en souffre. En effet, **une entreprise telle que FairPhone se trouve être incapable de s'assurer que l'ensemble des composants ont une origine éthique et équitable**[29] en raison de la difficulté à tracer les

---

[26] Idem.

[27] Amnesty International, *This is what we die for*, 2016, 88 p. <https://www.amnesty.org/en/documents/afr62/3183/2016/en/>

[28] Idem.

[29] Termes dont il faut impérativement se méfier, plus encore quand on parle d'extraction minière.

matières premières[30]. Pourtant, la RDC n'est qu'un rouage de la machine, son moteur étant bien évidemment la Chine. Ainsi, 97 % de la production de métaux rares se situe dans ce pays, notamment dans la région de Baotou (Mongolie Intérieure) où l'on trouve une multitude de mines à ciel ouvert. La mine à ciel ouvert est non seulement le mode d'extraction le plus répandu mais également la plus destructrice. Elle consiste à enlever ce que l'on nomme les « morts terrains », c'est-à-dire les couches supérieures constituées d'arbres par exemple, puis à creuser sur plusieurs dizaines de mètres afin d'accéder à la matière première[31]. Comme dans toutes les mines du monde, cela fait appel à l'utilisation de machines lourdes et de polluants chimiques variés (arsenic, plomb, mercure, etc.). Or, le mélange de roches et de terres extrait n'est d'aucune utilité économique et est pollué ; on le traite donc souvent en le transformant en boues rouges. Celles-ci sont alors stockées dans un barrage de puits de mine ou directement déversées dans un exutoire. La première solution est largement utilisée à travers le monde, surtout au Brésil. Celui-ci a d'ailleurs connu deux catastrophes majeures récemment du fait d'une rupture de barrages contenant des boues rouges (Bento Rodriguez en 2016, Brumadinho en 2019). Entendre Jaïr Bolsonaro parler de catastrophe environnementale est particulièrement cocasse et amusant (bon, j'ai un humour un peu spécial, je le concède). Plus sérieusement, les conséquences ont logiquement été désastreuses : des villages rasés, des dizaines de morts et disparus, des terres et des cours d'eau pollués pour des décennies, des dizaines de milliers de victimes animales. La

---

30 <https://www.novethic.fr/actualite/social/sous-traitance/isr-rse/comment-fairphone-assure-la-tracabilite-des-minerais-de-ses-telephones-144014.html> (consulté le 26 octobre 2021).

31 MATHEUS Philippe, « Les techniques et conditions d'exploitation des mines aurifères », *Annales des Mines - Réalités industrielles*, vol. 2018, no°4, 2018, pp. 10-19.

seconde solution a notamment été employée par la France pour la mine d'aluminium de Gardanne. Durant 50 ans, on a effectivement déversé un total de 32 millions de tonnes de boues rouges directement dans la mer Méditerranée, à 7 km des côtes, à travers un réseau de canalisations de 55 km sous les Calanques[32]. L'arrêt des rejets de boues rouges fut effectif dès 2016 mais l'on a continué à évacuer les eaux de process (partie liquide des boues rouges) jusqu'en 2022[33]. Les conséquences sont terribles : une dégradation des écosystèmes maritimes, des dizaines de milliers de victimes animales, le recouvrement de la surface de la mer par des produits chimiques menaçant de mort les écosystèmes[34]. En somme, aucun système fiable ne permet de gérer ces déchets issus des mines.

C'est probablement la raison pour laquelle la Chine a négligé ce problème et stocke toute la pollution issue de ses exploitations minières dans des lacs artificiels hautement toxiques, souillant les nappes phréatiques de lithium, de chlorure, d'uranium et de bien d'autres métaux. Le plus important, à seulement 20 km de la ville de Baotou, occupe une surface de 11 km² et condamne la capitale régionale de presque 2 millions d'habitants à l'un des taux de cancers les plus élevés au monde[35]. Soyons honnêtes, si elle veut suivre les cadences du

[32] LANDREVIE Barbara, « La Méditerranée empoisonnée », *Le Monde diplomatique,* mai 2015, n° 734 p. 8.

[33] < https://www.francetvinfo.fr/monde/environnement/boues-rouges-dans-les-calanques/l-article-a-lire-pour-comprendre-le-scandale-des-boues-rouges_1810895.html> (consulté le 26 octobre 2021).

[34] Au total, ce ne sont pas moins de 66 000 tonnes de chrome, 1700 tonnes de plomb, 2 millions de tonnes de titane, 20 tonnes d'arsenic ou encore des résidus de silice, d'hydroxyde de fer, du mercure. Autant de polluants chimiques qui finissent par remonter en surface sous l'action des courants.

[35] LALLEMANT P. (réalisation), LUCET E. (création), *Les secrets inavouables de nos téléphones portables* [Reportage], *op. cit.*

productivisme numérique, il est impossible pour la Chine de gérer correctement cette pollution ou de la limiter. Prenons le cas du néodyme : une tonne extraite rejette son équivalent en déchets et 75 000 litres d'eau acide. Néanmoins, la Chine est avant tout considérée comme l'atelier du monde. Si les salaires y progressent petit à petit, nous sommes loin du paradis communiste. Dans les usines des sous-traitants d'Apple, on travaille 6 jours par semaine et 12 heures par jour, on manipule 10 appareils par minute et l'on compte jusqu'à 8 ouvriers pour un dortoir de 20 m² [36]. Quant à Samsung, l'entreprise réalise une marge de 307 € pour chaque Samsung Galaxy vendu, alors que la main-d'œuvre lui revient à 2,38 € par unité[37]. Nous en sommes toutes et tous conscients **: notre confort numérique repose donc sur l'exploitation de travailleurs dans des pays étrangers** (ce qui profite aux grandes firmes qui diminuent ainsi leurs coûts de production). Nous touchons du doigt quelque chose d'intéressant : notre système économique s'est enfermé dans une logique d'interdépendance quasi-suicidaire dans laquelle les donneurs d'ordre ne connaissent parfois même pas les entreprises exécutantes tant il y a de sous-traitants, voire de sous-traitants de sous-traitants et parfois même des sous-traitants de sous-traitants de sous-traitants… J'arrête là ? On appelle cela le « toyotisme » (du nom de la célèbre entreprise automobile) dont le but est de supprimer le stockage afin de réduire les coûts. Ainsi, on produit « juste à temps » et les entreprises se déresponsabilisent des conditions de fabrication : après tout, ça ne se passe pas dans leurs propres locaux ! Autre chose et pas des moindres : l'influence sur notre esprit de consommateur. En effet, si vous entendez votre boulanger tenir des propos choquants, vous allez peut-être vous dire « bon, je vais acheter

---

[36] China Labor Watch, *Something's Not Right Here: Poor Working Conditions Persist at Apple Supplier Pegatron*, 22 octobre 2015, 46 p.
[37] Idem.

mon pain chez le concurrent, ce bougre-là ne m'est guère sympathique » (oui, c'est ainsi que votre inconscient communique avec vous). Si la production s'effectue de l'autre côté du globe, l'éloignement émotionnel empêchera la plupart d'entre nous de cultiver une véritable empathie. Dans bien des cas, celle-ci existe mais s'efface rapidement du fait d'une communication positive de la marque incriminée ou simplement du fait d'une incapacité d'en percevoir les conséquences dans notre propre quotidien. Cela vaut évidemment pour un ensemble d'enjeux sociaux et environnementaux. Finalement, toutes ces étapes de conception impliquent que les différentes pièces d'un smartphone réalisent l'équivalent de 4 tours du monde avant d'arriver dans nos magasins, selon Erwan Fangeat[38]. Si les conséquences environnementales et sociales de l'industrie numérique doivent plus que jamais nous préoccuper, il va sans dire qu'elle nous fait courir des risques bien plus alarmants encore en devenant une contribution majeure aux émissions de gaz à effet de serre (GES) et provoque, en outre, l'épuisement de ressources naturelles stratégiques.

[38] <https://reporterre.net/La-folie-du-smartphone-un-poison-pour-la-planete> (consulté le 26 octobre 2021).

Chapitre II
Des métaux rares, des métaux critiques

Relocaliser les mines en France et en Occident, pourrait générer des effets positifs. D'abord, nous prendrions immédiatement conscience, effarés, de ce qu'il en coûte réellement de nous proclamer modernes, connectés et écolos.

GUILLAUME PITRON, JOURNALISTE, SPECIALISTE DE LA GEOPOLITIQUE DES MATIERES PREMIERES

Le progrès technique a toujours été dépendant des ressources naturelles. À n'en pas douter, sans elles, nous n'aurions jamais pu atteindre notre confort moderne. Or, la fabrication des objets numériques nécessite, quant à elle, des dizaines de métaux différents, parmi lesquels on retrouve :

- des métaux précieux qui se caractérisent par leur grande valeur économique historique. Il s'agit bien sûr de l'or, mais aussi du platine, du palladium, du rhodium ou encore de l'argent.
- Des métaux de base, qui demeurent indispensables pour nombre d'industries, comme le fer, le zinc, le plomb, etc.
- Des métaux rares (que l'on nomme aussi terres rares de manière plus restrictive) : rares car mélangés à d'autres dans des proportions infimes. Par exemple, on trouvera en moyenne 1 200 fois moins de néodyme et jusqu'à 2 650 fois moins de gallium que de fer dans un

gisement. Le lutécium, le scandium, l'yttrium et toute la famille des lanthanides (14 métaux) appartiennent à cette catégorie.
Malgré leur qualification, certains métaux rares ou précieux disposent encore de réserves significatives. Néanmoins, **un grand nombre de métaux précieux, rares et communs s'avèrent être des métaux critiques**. Un métal critique se caractérise par [39] :
- de faibles réserves (généralement moins de 10 ans de consommation courante) et des difficultés d'approvisionnement ;
- son caractère incontournable pour l'économie ;
- la difficulté (voire une impossibilité) à être remplacée totalement

À titre d'exemple, voici certains des métaux nécessaires à la fabrication d'un smartphone. Ceux qui présentent une vignette rouge sont des métaux critiques.

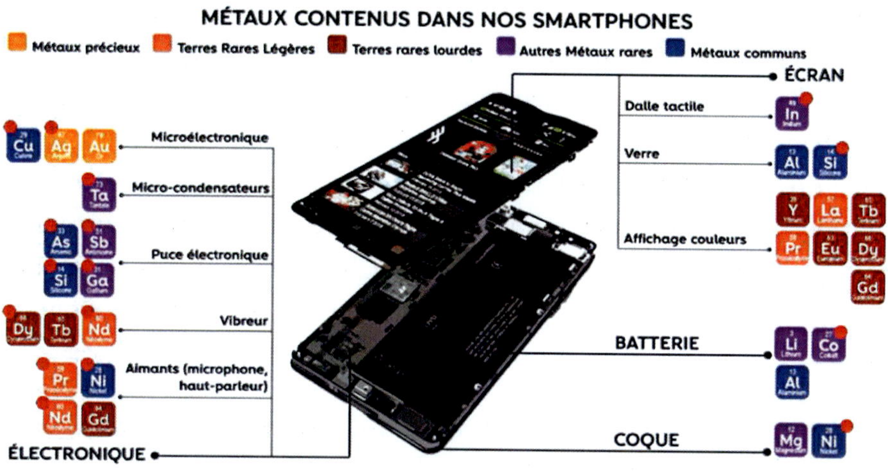

[40]

[39] <https://ec.europa.eu/growth/sectors/raw-materials/areas-specific-interest/critical-raw-materials_fr > (consulté le 26 octobre 2021).
[40] Infographie réalisée par Compound Interest.

À noter que le lithium a fait son entrée dans la liste des métaux critiques en 2017, car la demande va être multipliée par 42 d'ici à 2040 selon l'Agence Internationale de l'Énergie [41].

Ce sont cependant bien les métaux rares qui nous intéresseront particulièrement car, à puissance égale, un aimant de terres rares est cent fois plus petit qu'un aimant classique. Ce sont eux qui ont permis la miniaturisation de nos appareils dès la fin du siècle dernier. En effet, un téléphone fixe à câble ne nécessitait que 12 métaux, les téléphones portables « simples » en contiennent 29 alors qu'un smartphone peut en intégrer 55[42]. Les métaux rares sont ainsi indispensables pour nos outils numériques mais aussi pour les panneaux photovoltaïques, les éoliennes ou encore les voitures électriques. Demain, ils risquent fort de jouer un rôle central pour la multitude d'objets intelligents que l'on nous promet : miroirs[43], brosses à dents, balances, ampoules, fours… Les États-Unis sont demeurés longtemps les champions de leur extraction grâce à la gigantesque mine de Mountain Pass en Californie avant d'être rudement concurrencés par la Chine. L'émergence du néolibéralisme à cette époque a en effet rendu impossible un autre scénario que celui de la fermeture de cette mine emblématique. En Europe, les exploitations minières ont subi le même sort. Désormais, 95 % des métaux rares sont extraits en Chine et, depuis peu, la plus grosse partie reste dans le pays [44]. Cela ne peut que nous interroger :

---

[41] < https://www.lesechos.fr/finance-marches/marches-financiers/transition-energetique-laie-invite-les-etats-a-constituer-des-stocks-de-metaux-1313641 > (consulté le 26 octobre 2021).

[42] <https://reporterre.net/La-folie-du-smartphone-un-poison-pour-la-planete> (consulté le 26 octobre 2021).

[43] Un miroir d'Amazon connecté à Alexa nous permettra d'essayer des vêtements des sites partenaires depuis chez nous. Un incontournable.

[44] PITRON Guillaume, *La guerre des métaux rares, la face cachée de la transition énergétique et numérique*, Paris, Les liens qui libèrent, 2018, p. 89-91.

la Chine étant en position de force et en mesure d'imposer ses conditions, quelles seraient les conséquences d'une rupture commerciale avec elle sur la fourniture de ces matières premières ? Ce questionnement est d'autant plus pertinent qu'une sanction (une rupture est bilatérale, unc sanction est unilatérale) chinoise de ce type a déjà été appliquée à partir de 2010 alors que le géant asiatique se querellait avec son voisin japonais sur l'appropriation des îles Senkaku-Diaoyu. La Chine ne détient pourtant qu'un tiers des réserves mondiales et, comme surviennent déjà des pénuries de métaux critiques, certains pays envisagent de rouvrir leurs exploitations minières. Ainsi, la mine de Mountain Pass aux États-Unis reprend son activité alors qu'en France Emmanuel Macron envisage des décisions similaires. Si sur le plan de la limitation des ressources naturelles, le gain de quelques années de réserves ne changera pas la donne, on pourrait penser que cela pourrait être utile sur les plans sociaux et environnementaux. Soyons clairs : une mine est une mine. Elle génère des déchets polluants, elle contamine les cours d'eau, elle exige un travail difficile et harassant qui affecte grandement l'espérance de vie tout en détruisant les paysages. Pire encore, ne nous leurrons pas, **il ne fait aucun doute que bien des normes environnementales devront être remises en cause si nous procédons à l'ouverture de mines en France**. Le productivisme a de toute façon des conséquences désastreuses. En d'autres termes : sans réduction drastique de l'intensité de l'extraction minière, point de salut. Selon le journaliste et spécialiste du sujet Guillaume Pitron, le seul véritable avantage serait de nous donner les capacités de sortir de l'hypocrisie et de l'ignorance sur les véritables coûts écologiques de nos modes de vie. Il est alors extrêmement probable que des mouvements de type « Not in my backyard » voient le jour afin de s'opposer à l'émergence de nouvelles mines.

Une question demeure : celle de la finitude des ressources naturelles indispensables à la fabrication des outils numériques. De nombreux commentateurs, économistes, journalistes, politiques, désireux de nous rassurer sur la pertinence de notre modèle économique, nous rappellent que les progrès technologiques nous permettront de trouver continuellement de nouveaux filons. Dans le cas contraire, le recyclage serait une alternative tout à fait viable ! Je ne suis ni devin, ni prophète (je vous assure, n'insistez pas). Bien malin est celui qui est persuadé que nous trouverons demain de nouveaux gisements abondants. Par contre, il est évident que décennie après décennie, les nouveaux gisements ne font guère reculer les échéances, car la consommation progresse bien trop vite. Il suffit pour cela d'étudier le taux de retour énergétique (TER) du pétrole. Il s'agit tout simplement de la comparaison entre l'énergie obtenue et celle qui est investie lors de l'exploitation d'une ressource énergétique. En 1910, le TER du pétrole était de 110 pour 1 ; en 1990, de 35 pour 1 ; en 2010, de 11 pour 1 [45] ; on exploite aujourd'hui des énergies non conventionnelles ayant des TER de seulement 3 ou 4 pour 1 [46]... Ça sent un peu le roussi, non ? L'exemple du pétrole est d'autant plus pertinent que la source d'énergie mobilisée pour exploiter une mine doit être facilement transportable : seuls le gaz et le pétrole font l'affaire. Autrement dit, **la fin du pétrole affectera aussi notre capacité à extraire des métaux**. Jeff Bezos, le patron d'Amazon, nous rétorquera que l'on trouvera sur la lune ou sur des astéroïdes les métaux que notre planète bleue ne sera plus en capacité de nous fournir. Jacques Cheminade, candidat aux présidentielles 2012 et 2017 partageait cette opinion mais comme il n'était pas le fondateur d'une des plus grandes entreprises au monde,

---

[45] C. Cleveland, « Net energy from the extraction of oil and gas in the United States », *Energy*, vol. 30, 2005, p. 769-782.
[46] Idem.

les moqueries à son égard furent alors unanimes et consensuelles. Même si la technologie de demain nous permet d'exploiter de nouveaux gisements, les progrès demeureront bien trop lents en comparaison de l'évolution de nos besoins, notamment en matière de développement numérique. La logique voudrait que l'on ne recherche la croissance économique que lorsque les technologies évoluent effectivement. Nous faisons le contraire. Sans réduction drastique de l'intensité de l'extraction minière, point de salut (je l'ai déjà dit ?). La seconde solution proposée concerne le recyclage. Ah le recyclage ! La parfaite illustration de notre capacité à nous déculpabiliser, sur laquelle surfent allègrement les entreprises les plus émettrices de déchets. Plus besoin de les réduire puisque l'on peut recycler ! Non ? Toute opération de recyclage a des conséquences, il s'agit d'un procédé industriel qui émet des polluants, génère des GES et nous reposer uniquement sur lui ne modifie en rien le risque de pollution par déperdition d'une partie de nos déchets dans l'environnement [47]. Plus important encore : est-on réellement capable de s'approcher d'un taux de 100 % de collecte des déchets normalement recyclables ? En tant que conseiller, délégué à la politique des déchets pour la ville de Villeurbanne et vice-président de la régie en charge de la gestion des déchets pour la métropole de Lyon, ma réponse est la suivante : non. Nous ne progressons pas ou très peu en la matière et la situation a empiré avec la pandémie. Si nous n'y parvenons que difficilement pour les déchets du quotidien, comment cela serait-il possible pour la multitude de nos objets numériques d'aujourd'hui et de demain ? Présentement, le taux de récupération du matériel électronique et numérique est de 20 %, le

[47] Lire BERLIGEN Flore, *Recyclage : le grand enfumage*, Paris, Rue de l'échiquier, 2020, 128 p.

reste étant incinéré ou exporté [48]. De plus, même lorsque nous savons parfaitement recycler un métal, il demeure des « pertes au feu » dans l'opération industrielle qu'est le recyclage. La complexité des évolutions culturelles et logistiques, préalables indispensables à cette collecte massive, rend impossible une telle organisation. Au niveau technique, la situation n'est guère plus reluisante, la réalité du terrain le prouve.

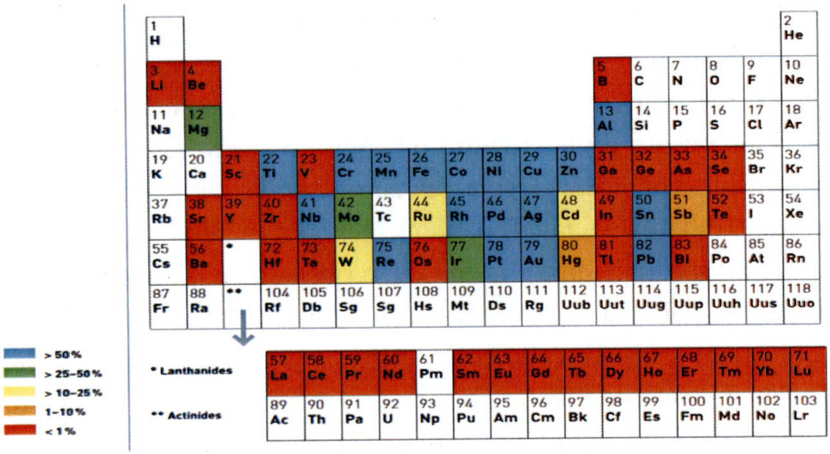

Tableau : Taux de recyclage des métaux.[49]

Ce tableau met en exergue notre faible capacité de recyclage des métaux. Dans certains cas, celui du plomb ou du fer par exemple, la collecte et le recyclage sont aisément envisageables car ils sont utilisés sur des chantiers : la législation et le pragmatisme économique font alors leur œuvre. Cependant, moins il y a de métal dans un produit,

---

[48] FLIPO Fabrice, DOBRE Michelle, MICHOT Marion, *La face cachée du Numérique*. L'échappée, 2013, 128 p.

[49] UNEP, *Recycling Rates of Metal. A Status Report,* 2011, p. 21.

moins le recyclage est concevable. Il est plus facile de recycler un ordinateur fixe qu'un ordinateur portable ou un smartphone. De ce fait, la plupart des métaux critiques sont très difficilement recyclés. C'est par exemple le cas de l'indium qui nous permet de concevoir les écrans plats et tactiles et dont les réservcs scront épuisées dans le courant des années 2030[50]. Depuis 2008, des ingénieurs cherchent des solutions pour le remplacer par du graphène mais la technique est loin d'être au point[51]. Doit-on continuer de parier sur le seul progrès technique et ainsi gaspiller des ressources naturelles uniques pour un simple « âge d'or numérique » éphémère ? **Sans réduction drastique de notre consommation d'objets numériques et sans repenser nos usages, point de salut** (j'ai changé la phrase pour que vous évitiez encore de me reprocher de me répéter).

---

[50] L'on trouve des sources indiquant 2025 et d'autres 2035.

[51] < http://www.indesciences.com/revolution-graphene-marche/ > (consulté le 13/08/21).

Chapitre III
L'impossible union du développement numérique et de la lutte contre le changement climatique.

Une grande partie de l'opinion publique et des classes économique et politique considère encore que les usages numériques ne nécessitent pas d'être soumis à la même vigilance que les autres secteurs en ce qui concerne leur compatibilité avec les impératifs énergétiques et climatiques.

MAXIME EFOUI-HESS,
CHEF DU SHIFT PROJECT

Avant 2014, il était généralement admis que la dématérialisation par le recours aux outils numériques permettait de réduire l'utilisation de papier, l'ampleur de la déforestation et donc l'impact écologique. Malheureusement, ce n'est pas aussi simple. La consommation mondiale de papier n'a fait que progresser[52] et son impact écologique reste finalement secondaire, particulièrement en France, car le papier utilisé provient en quasi-totalité de forêts gérées durablement (label FSC)[53] et celles-ci ont atteint leur superficie la plus importante depuis

---

[52] <https://www.rfi.fr/fr/emission/20180126-pate-papier-hausse-chine> (consulté le 26 octobre 2021).
[53] <https://www.sne.fr/environnement/enquete-sur-les-achats-de-papier-des-editeurs-de-livres-en-france/>(consulté le 26 octobre 2021).

plusieurs siècles[54]. De son côté, l'industrie numérique représentait déjà 2 % des émissions de GES en 2014, soit l'équivalent de l'aviation civile[55]. Or, sa consommation d'énergie croît de 9 % par an [56]. Ainsi, en 2021, nous dépassons les 4 % [57] et nous atteindrons les 8 % en 2025 à ce rythme [58]. Les émissions de GES seront alors supérieures à celles de l'ensemble des automobiles présentes sur la planète ! Soyons d'ailleurs très clairs à ce sujet : il est fort probable que la pandémie de Covid-19 amplifie le recours au numérique bien au-delà de la résolution de la crise sanitaire. Les limites environnementales de la dématérialisation ne portent pas que sur son incapacité à réduire la consommation de papier. Le tout numérique est souvent justifié par l'énergie économisée lors du visionnage d'un film ou de l'écoute d'un disque en ligne par exemple, car cela permet d'éviter la fabrication d'un support physique DVD ou CD. Dans un cas comme dans l'autre, l'on économise alors que 42 % de GES par rapport à la fabrication d'un support physique[59] ! Dans le cas du jeu vidéo, le bilan est même négatif [60]. La différence ? Le support physique peut être réutilisé des milliers de fois en ne consommant pas d'autre énergie que celle du lecteur et de l'écran. De plus, il ne nécessite que très peu de ressources

---

[54] Cela ne veut pas dire que la situation est satisfaisante. La France ne dispose plus de forêts primaires et/ou anciennes.
[55] EFOUI-HESS Maxime, « Climat : l'insoutenable usage de la vidéo en ligne », *The Shift Project*, Juillet 2019, p. 4.
[56] Idem.
[57] Ibid.
[58] Ibid.
[59] <https://www.greenit.fr/2016/02/17/numerique-et-environnement-en-finir-avec-les-idees-recues-3-3/ > (consulté le 26 octobre 2021).
[60] MAYERS Kieren, KOOMEY Jonathan, HALL Rebecca, BAUER Maria, FRANCE Chris, WEBB Amanda, « The Carbon Footprint of Games Distribution », *The journal of Industrial Ecology*, Volume 19, Issue 3, Septembre 2014, p. 402-415

naturelles et il nous faut ici affirmer qu'il demeure le plus écologique à ce jour. **En somme, l'on peut justifier la dématérialisation par idéologie, par stratégie économique mais à aucun moment pour des raisons écologiques.**

Un salarié français émet l'équivalent de 514 kg de gaz à effet de serre par sa seule activité numérique. Il s'agit de l'équivalent d'un Paris-Moscou en voiture [61]. Pourtant, l'ampleur de l'enjeu numérique surprend encore une grande partie de mon auditoire en conférences ou dans le cadre de mes enseignements. La raison provient sans aucun doute du caractère extrêmement pernicieux de l'usage du numérique qui s'est introduit dans nos vies quotidiennes et relève désormais de la banalité, du travail régulier ou du loisir commun. Pire, s'il est difficile mais concevable d'imaginer que les aliments de notre assiette engendrent des dégâts sociétaux, cela devient plus complexe lorsque l'on a affaire à un contenu immatériel. **Le moindre clic mobilise pourtant de nombreux serveurs à l'autre bout de la planète**. En effet, au-delà de l'extractivisme, une grande partie des émissions de GES de l'industrie numérique provient de serveurs stockant et traitant l'ensemble des données présentes sur la toile. Or, la quasi-totalité des pays s'appuient sur les ressources fossiles pour leur production d'énergie, ce qui implique que le fonctionnement quotidien de l'industrie numérique est dépendant des centrales thermiques. Cela explique qu'une simple recherche sur un moteur de recherche équivaut à l'émission de 6 grammes de CO2, soit 30 à 50 mètres parcourus en voiture [62]. Certes, Google se vante désormais de produire sa propre énergie renouvelable (ENR). Il nous faut être

---

[61] BORDAGE Frédéric, *Benchmark Green It 2016*, Green It, 2016, p. 3.

[62] À 200 watts par machine (en comptant les deux processeurs, la mémoire et les disques de stockage), on arrive à une consommation annuelle de 1 750 GWh. Si l'on prend une intensité d'émission de CO2 de 0,7 g par wattheure d'électricité et si l'on fonde notre raisonnement sur un trafic de 200 milliards de visites par an, nous obtenons 6 g de gaz carbonique par recherche sur Google.

conscients qu'une énergie propre n'existe pas, je vous renvoie pour cela à *La guerre des métaux rares* de Guillaume Pitron[63] ou au documentaire que celui-ci a inspiré *La face cachée des énergies renouvelables* [64]. Si nous devons tendre vers un modèle énergétique basé sur les ENR, la transition énergétique nous impose une réduction drastique des consommations superflues. Les ENR s'avèrent incapables de fournir des quantités d'énergies équivalentes à nos consommations actuelles. Est-il vital que le moteur de recherche Google soit toujours plus rapide ? Nous faut-il absolument effectuer une recherche visant à nous rappeler à quoi ressemble telle ou telle star oubliée ? A-t-on vraiment besoin d'être réconforté par des images de chatons à toute heure ? En bref, l'accaparement d'ENR par Google pour le fonctionnement de ses infrastructures empêche leur développement pour des usages bien plus essentiels. Qu'il s'agisse de Google, de Netflix ou de n'importe quel site Internet, les serveurs sont donc indispensables à l'existence de ces services. Ceux-ci sont rassemblés dans ce que l'on appelle communément un « data center » [65] qui s'étale sur une superficie moyenne de 10 000 m² et consomme une électricité équivalente à celle d'une ville de 50 000 habitants [66]. Ceux d'Amazon Web Services en Île-de-France consommeraient même l'énergie d'une ville de plusieurs millions d'habitants [67] ! La France fait partie des leaders mondiaux en la matière en se classant 4e avec

---

[63] PITRON Guillaume : *La guerre des métaux rares, la face cachée de la transition énergétique et numérique*, Paris, Les liens qui libèrent, 2018, 296p.
[64] Même si le titre du documentaire est clairement contre-productif.
[65] Mes excuses pour l'anglicisme mais le mot est d'ores et déjà trop communément répandu pour proposer une alternative.
[66] BARBIER Anthony, « L'efficacité énergétique dans les datacenters », *ENR'Cert,* Novembre 2016, p. 6.
[67] PITRON Guillaume, « Quand le numérique détruit la planète », *Le Monde diplomatique*, n°811, octobre 2021, p18-19.

plus de 200 data centers [68]. Leur fonctionnement et leur rafraîchissement constant par le recours à la climatisation absorbent entre 15 % et 25 % de l'électricité française [69]. En d'autres termes, c'est l'équivalent de 7 réacteurs nucléaires qui fonctionnent en continu pour les alimenter et cela ne fera qu'empirer dans les années à venir. Il faut également prendre en compte le poids de plus en plus conséquent des « serveurs zombies » qui n'existent que pour dupliquer les données existantes sur d'autres serveurs mais qui sont indispensables pour éviter toute coupure des services ou, pire, des pertes de données ! Il serait en effet dramatique de ne plus avoir de traces de notre meilleur souvenir sur Facebook ! L'excellence en matière numérique est clairement assumée comme un choix de la part du gouvernement français d'Emmanuel Macron qui voit dans ces technologies de nouvelles opportunités de croissance économique[70]. Rappelons que le président de la République défend la technologie 5G en rappelant qu'il ne croit pas à la transition écologique du modèle amish[71].

Pourtant, c'est avant tout Amazon et ses filiales qui tirent leur épingle du jeu car ces sociétés détiennent la grande majorité des data centers dans le monde, y compris en France. D'ailleurs, le géant Netflix lui-même se voit dans l'obligation de stocker ses services de streaming sur les serveurs d'Amazon. Quelle ironie, quand on pense à

---

[68] <https://www.ate.info/wp content/uploads/2020/03/carte_datacenters_france_gsmag_2020.pdf> (consulté le 26 octobre 2021).

[69] BARBIER Anthony, « L'efficacité énergétique dans les datacenters », *op. cit.*

[70] <https://www.lemondeinformatique.fr/actualites/lire-france-2030-le-numerique-au-secours-de-la-croissance-84468.html> (consulté le 26 octobre 2021).

[71] <https://www.lepoint.fr/politique/la-france-va-prendre-le-tournant-de-la-5g-assure-macron-14-09-2020-2391890_20.php> (consulté le 26 octobre 2021).

leur concurrence tant médiatisée dans le domaine de la VOD ! Ceci étant dit, il existe 1 001 usages du numérique et nous sommes en droit de nous demander quels sont ceux qui sont les plus impactant en matière de changement climatique. Ce sont bien entendu les contenus qui pèsent le plus lourdement sur votre propre disque dur et c'est bien sûr la vidéo qui remporte la palme avec 80 % des flux de données et donc de l'impact global des data centers[72]. Ce chiffre regroupe des usages variés classés ci-après par ordre d'importance[73] :

- La VOD (27 %), en commençant par Netflix puis ses concurrents Disney + ou Amazon Prime Vidéo.
- La pornographie (22 %) constitue le type de vidéo le plus consulté sur Internet (suivi de près par les chatons, à vous de voir si vous vous en amusez ou si vous vous en révoltez) puisque 28 000 vidéos sont lancées chaque seconde dans le monde. Elles représentent à elles seules 5 % de l'ensemble des émissions de GES émises par l'industrie numérique.
- Les tubes (17 %), catégorie pour laquelle le premier contributeur est évidemment le géant You Tube (qui, rappelons-le, est un service de Google). À savoir : 70 % des vidéos « lues » sur You Tube ne sont en fait que des musiques mais la consommation d'énergie induite est alors bien plus importante que pour du streaming audio.
- Les réseaux sociaux (14 %), ce chiffre concerne toutes les vidéos postées sur Facebook, Instagram, Snapchat, etc.
- Autres (20 %) : Skype, « Camgirls », télésurveillance, etc.

Au-delà des vidéos, les autres usages ne représentent que 20 % des flux de données. Cela peut paraître secondaire mais c'est loin d'être dérisoire. L'on peut par exemple souligner le fait que :

---

72 EFOUI-HESS Maxime, « Climat : l'insoutenable usage de la vidéo en ligne », art. cit.
73 Idem.

- Conserver 30 mails durant une année consomme 222 Wh, ce qui équivaut à une ampoule allumée toute une journée[74]. À l'échelle mondiale, les seuls spams émettent autant de gaz à effet de serre que 3 millions de véhicules chaque année[75].
- Chaque Français réalise en moyenne 1 000 recherches par an sur un moteur (sur Google en très grande majorité)[76].
- Télécharger un jeu vidéo de 8 GB est plus impactant que d'acheter le support physique en magasin[77].

À ce stade, certains se demanderont peut-être pourquoi nous abordons ici le numérique en général alors que cet ouvrage est avant tout consacré au smartphone. Ce dernier ne constituerait après tout qu'un moyen de connexion (et donc une source de pollutions) parmi tant d'autres. Cette remarque serait pertinente si l'évolution des GES du numérique ne suivait pas trait pour trait le taux d'équipement de la population en téléphones connectés. D'autre part, la durée de vie moyenne d'un smartphone étant de 20 mois et le recyclage des métaux étant inexistant, il nous faut absolument intensifier l'extractivisme numérique. À titre d'exemple, les jeux sur smartphone représentent déjà la plus grande part de marché du secteur[78]. Ceux-ci étant bien entendu tous

---

[74] <https://www.nouvelobs.com/rue89/rue89-planete/20161004.RUE3973/10-ecogestes-numeriques-a-adopter-absolument.html > (consulté le 26 octobre 2021).

[75] <https://www.lefigaro.fr/decideurs/un-mail-est-aussi-energivore-qu-une-ampoule-allumee-toute-la-journee-20190516> (consulté le 26 octobre 2021).

[76] < https://gs.statcounter.com/search-engine-market-share/all/france> (consulté le 26 octobre 2021).

[77] MAYERS Kieren, KOOMEY Jonathan, HALL Rebecca, BAUER Maria, Chris France, WEBB Amanda, « The Carbon Footprint of Games Distribution », art. cit.

[78] <https://www.afjv.com/news/10642_etude-chiffre-affaires-jeux-video-mobiles-2021.htm> (consulté le 26 octobre 2021).

uniquement disponibles sous format dématérialisé. Plus important encore, le téléphone est l'un des seuls objets qui nous accompagne en permanence, peu importe l'endroit où nous nous trouvons ou ce que nous sommes en train de faire. **Le smartphone, c'est la tentation de la connexion permanente**. Étant donné que 77 % des Français disposent d'un smartphone, la grande majorité des connexions à Internet s'établit déjà par ce biais[79]. Même à domicile, 65 % d'entre eux déclarent avoir une préférence pour une connexion par téléphone mobile[80].

[79] CREDOC, *Baromètre du numérique 2019*, *op. cit.* p. 8-9.
[80] Idem.

Partie II
L'outil qui nous dépossède de notre pouvoir d'agir

Chapitre I
Au service de nos récepteurs primaires

Dans le passé tu étais ce que tu avais. Maintenant tu es ce que tu partages.
GODFRIED BOOGAARD

Dans notre cerveau se trouve une zone nommée le striatum (décidément, nous parlons vraiment de tout dans cet ouvrage !). Il constitue un élément central de notre système dopaminergique, un système hormonal indispensable pour notre espèce, qui s'appuie sur une hormone : la dopamine. Elle est source de motivation, de plaisir mais aussi d'addiction. Striatum et dopamine sont des vecteurs essentiels de la survie des espèces, de véritables déterminants de la sélection naturelle. C'est la raison pour laquelle on les retrouve chez la plupart des animaux. La taille et la capacité de notre cortex nous ont permis de maîtriser notre environnement, de nous extraire de notre condition naturelle et de bénéficier d'un confort comme jamais auparavant. C'est le striatum qui a modulé nos objectifs grâce au cortex qui est mis à sa disposition[81]. Nous poursuivons en fait les mêmes buts depuis toujours, à savoir : notre survie personnelle et celle de notre espèce ; les mêmes objectifs que l'on pourrait qualifier de « primaires » et qui guident l'essentiel de nos actions : se nourrir, se reproduire, améliorer son statut social, préserver son énergie, être attentif aux informations[82]. Ainsi, même si

[81] BOLHER Sébastien, *Le bug humain*, Paris, Pocket, 2020, 288 p.
[82] Idem.

nos actions, nos habitudes, nos modes de vie ont évolué, ces « moteurs » comportementaux perdurent. Une toute petite différence cependant : **nous avons inventé nombre de technologies pour faire fonctionner ces « moteurs » à plein régime**. Celles-ci consomment désormais allègrement nos ressources naturelles tout en rejetant toutes sortes de pollutions. À ce stade, il nous faut comprendre trois principes essentiels pour la suite :
- Il n'y a pas d'équivalent à l'effet de satiété dans le système dopaminergique. En d'autres termes, le cerveau n'est jamais repu. Au contraire, il en demande toujours plus.
- Pour obtenir autant et/ou plus de dopamine que la fois précédente, nous sommes amenés à augmenter la quantité (de nourriture par exemple) ou à adopter des comportements différents (écrire un livre pour avoir la sensation de gagner en notoriété par exemple). La répétition ne plaît guère au striatum.
- Le cerveau anticipe le résultat qu'il espère obtenir de notre action. Si le résultat est supérieur, nous éprouverons une légère euphorie grâce à une quantité plus importante de dopamine qu'à l'accoutumée. Si le résultat est inférieur, nous ressentirons le manque de la fameuse hormone, telle une punition.

Soyons plus précis désormais !

Se nourrir est évidemment indispensable à notre survie (vous l'aurez peut-être remarqué). Or, nos méthodes de production actuelles n'ont plus rien à voir avec celles qui persistaient il y a à peine quelques siècles. Nous avons organisé une société de consommation via l'élevage industriel et le recours massif aux produits de synthèse dans le secteur agricole. Les relations sexuelles sont également utiles pour la reproduction de notre espèce (vous l'aurez peut-être remarqué également). Néanmoins, avec l'essor des populations urbaines et, surtout, l'apparition des applications de rencontres telles que Tinder, on remarque

que la multiplication des partenaires sexuels s'assimile parfois à une logique de consommation. Les couples connaissent plus de difficultés à se maintenir dans la durée du fait d'une sur disponibilité apparente de partenaires. Dans certains cas, la conséquence est également une véritable peur de l'engagement [83]. Pire encore, étant donné la facilité avec laquelle nous pouvons accéder à des images à caractère sexuel, 59 % des internautes français passent entre 4 et 15 heures par semaine sur des sites pornographiques[84] : 27 %, ni plus, ni moins, des vidéos hébergées dans le monde sont classées X[85]. Paradoxalement, nos sociétés n'ont jamais connu autant de cas d'addiction et de troubles sexuels (notamment érectiles). En ce qui concerne le statut social, nous savons que le fait d'observer et de se rapprocher d'une personnalité reconnue nous procure du plaisir par l'intermédiaire de la dopamine[86], d'où le succès et la multiplication des émissions mettant en avant des personnalités publiques mais aussi l'essor des influenceurs et You Tubeurs sur les plateformes numériques. Néanmoins, devenir soi-même une personne d'importance (par le pouvoir, la popularité ou l'argent) nous procure clairement plus de plaisirs encore, ce qui ouvre grand la porte du chacun pour soi, voire du darwinisme social[87]. Le véritable problème vient du fait que nous estimons notre réussite sociale en nous comparant… à ceux que l'on considère comme nous étant supérieurs. On évite par contre de se confronter à

---

[83] BERGSTRÖM Marie, *Les nouvelles lois de l'amour*, Paris, La découverte, 2019, 228 p.

[84] DUGUAIN Marc, LABBE Christophe, *L'Homme nu*, Paris, Pocket, 2017, 186 p.

[85] EFOUI-HESS Maxime, « Climat : l'insoutenable usage de la vidéo en ligne », art. cité p. 4.

[86] BOLHER Sébastien, *Le bug humain*, *op. cit.*

[87] Le **darwinisme social** est un terme englobant qui désigne toute doctrine ou théorie prétendant pouvoir appliquer la théorie évolutionniste aux sociétés humaines. Idée que l'on peut notamment retrouver dans la doctrine néolibérale considère la concurrence entre personnes (morales comme physiques) comme un aspect central de la vie sociale.

ceux censés nous être « inférieurs ». De ce fait, le salaire réel, le pouvoir d'achat ou même un confort toujours plus important ne nous satisfont guère dans un système basé sur la compétition et les inégalités. Celui-là même qui nous encourage à entretenir cette logique comparative. Le smartphone, l'outil de comparaison sociale par excellence, a ainsi détrôné l'automobile en devenant le plus grand signe de richesse extérieure[88]. Si se sentir valorisé est essentiel, c'est encore mieux si nous y parvenons en fournissant un minimum d'efforts. Effectivement, notre cerveau nous récompense lorsque nous nous accordons des pauses, lorsque nous sommes passifs. Cela dans le but initial de nous préserver des dangers du monde naturel. Nombreuses ont été les innovations exploitant ce moteur : l'électrification, les achats en ligne, la livraison de repas à domicile ou encore le site doctolib (c'est fatigant de téléphoner à un secrétariat). Les réseaux sociaux servent parfaitement ces deux derniers objectifs : on s'y sent important en récoltant des « j'aime » et des commentaires tout en restant au fond de son lit. Enfin, dans un environnement naturel, seul survit celui qui est capable de repérer et de collecter les informations du monde qui l'entoure. Notre fonctionnement n'a pas évolué en la matière mais notre environnement moderne est surchargé en informations, ce qui entraîne un besoin compulsif de connaître les dernières nouvelles, de traîner sur son fil d'actualité, de consulter plusieurs fois par jour les chaînes d'informations en continu ou encore de donner du crédit aux rumeurs. C'est ce que l'on appelle désormais « l'infobésité ». Ses effets sont divers : baisse de moral, déficit d'attention, impact sur l'esprit critique, difficultés à lire des textes plus complexes (quand on se contente de

88 BERTRAND Marianne, KAMENICA Emir, *Coming apart? cultural distances in the United States overtime*, Université de Chicago et du National Bureau of Economic Research, Working paper n°24771, Juin 2018, p. 20.

lire des titres d'articles sur les réseaux sociaux pour s'informer notamment)[89]. Parviendrez-vous à deviner quel objet nous permet de secréter le plus de dopamine et nous rend donc dépendant à celui-ci ? **Un indice se trouve sur la couverture de l'ouvrage que vous tenez dans les mains.**

Le smartphone est probablement le seul objet en lien avec l'ensemble des « moteurs » primaires du système dopaminergique. Ses créateurs, comme les développeurs d'applications, ont parfaitement su exploiter les récentes connaissances sur le striatum pour nous rendre accros. L'élément central et pervers, c'est la tentation permanente, l'addiction, car notre téléphone est constamment à portée de main. Ainsi, il nous faudrait résister à la possibilité de commander instantanément un repas gras et bon marché, de se connecter à un site de rencontre pour imaginer l'éventualité d'un nouveau partenaire sexuel, de s'extraire de son quotidien pour alimenter sa page sur les réseaux sociaux et conforter son ego, de consommer des vidéos You Tube, des séries Netflix ou d'aller sans cesse à la pêche aux dernières informations sur notre fil d'actualité. Ça fait beaucoup, vous ne trouvez pas ? Il s'agit en somme d'ignorer une récompense alléchante délivrée par un objet rangé dans notre poche. Si cette rétribution prend bien la forme de la dopamine, l'addiction à Internet s'entretient avant tout grâce à la potentialité de celle-ci. C'est ce que Burrhus Frederic Skinner a nommé le « principe de la récompense aléatoire » après avoir effectué des tests sur des souris. Celles-ci pouvaient obtenir de la nourriture en actionnant un bouton. Skinner s'est rapidement rendu compte qu'elles utilisaient le mécanisme compulsivement dans l'espoir d'obtenir un présent sous forme de nourriture, cela même lorsqu'elles prenaient conscience que ce n'était pas systématique.

---

[89] SAUVAJOL-RIALLAND Caroline, « Infobésité, gros risques et vrais remèdes », *L'Expansion Management Review*, n° 152, 2014, p. 110-118.

En d'autres termes, leur cerveau récompensait un comportement assimilé servant leur survie par une injection de dopamine anticipée. C'est exactement ce qui se passe avec notre smartphone : le cerveau (et donc le striatum) pense au fait qu'il peut utiliser l'une des 1 001 fonctionnalités d'un téléphone intelligent ; pour encourager notre action, il nous offre d'emblée une partie de la récompense. C'est encore plus évident sur le fil d'actualité des réseaux sociaux où chaque information qui nous est soumise peut potentiellement provoquer une décharge hormonale ! Les réseaux sociaux nous poussent à nous éterniser sur leurs plateformes, en nous incitant à effectuer un maximum d'interactions (likes, commentaires, flammes sur Snapchat, etc.) qui agissent comme autant de récompenses, car c'est sur cela que repose leur modèle économique. À ce stade, il est possible que vous vous interrogiez sur l'intérêt d'écrire un tel ouvrage puisqu'il semble que nous soyons impuissants face au striatum et à notre smartphone. Vous avez raison. Enfin, pas tout à fait. Peut-être un peu tout de même mais c'est un peu plus complexe que cela, fort heureusement. On ne peut guère jeter la pierre aux propriétaires de smartphone, cela reviendrait à reprocher au fumeur de prendre du plaisir en se suicidant à petit feu. Plus concrètement, il est complexe de renoncer à un plaisir immédiat dans l'espoir d'obtenir un bénéfice à l'avenir, plus encore lorsque ce futur est hypothétique et flou (#écologie). Pour en revenir au smartphone, étant donné que c'est notre sujet, une étude réalisée par les chercheurs de l'université du Minnesota, a démontré que « le besoin d'être connecté à Internet et aux réseaux sociaux est plus irrésistible que celui de fumer une cigarette ou de boire de l'alcool »[90]. Cette addiction provoque une réduction du sommeil de 47 minutes chez les adolescents états-uniens équipés d'un smartphone. Le Français moyen, quant à lui, passe un total de 4 h 38 sur son appareil portatif intelligent. Malgré toutes ces observations alarmistes, nous sommes individuellement en mesure de résister à chaque tentation de notre striatum grâce à notre cortex frontal, siège de la raison et de la volonté. **Le défi qui est le nôtre consiste à entraîner ce cortex frontal** pour lui donner la capacité d'être suffisamment fort afin de ne pas céder au striatum lorsque nos valeurs, notre intérêt véritable et notre survie sont en jeu. Lisez encore quelques pages, nous y reviendrons.

---

[90] HOLFMANN Wilhelm, BAUMESTER Roy, FÖRSTER Georg, VOHS Kathleen, « Everyday temptations: An experience sampling study of desire, conflict, and self-control », *Journal of Personality and Social Psychology*, Juin 2012, 59 pages.

Chapitre II
La lucrative économie de la collecte des données personnelles.

> *« C'est l'une des choses les plus folles de l'époque moderne. Nous ne laisserions jamais le gouvernement ou une entreprise installer des caméras ou des microphones dans nos maisons ou des mouchards sur nous. Mais nous y sommes allés et nous l'avons fait nous-mêmes parce que nous voulions regarder des vidéos de chiens mignons ».*
>
> DYLAN CURRAN. DEVELOPPEUR

Nous savons tous désormais que l'utilisation du Net implique une collecte de nos données personnelles. Néanmoins, beaucoup pensent que cela se limite à celles que nous livrons volontairement, sur les réseaux sociaux notamment. Le système est malheureusement plus pernicieux que cela. Le modèle économique de la collecte massive de données est relativement récent compte tenu du jeune âge d'Internet. Ainsi, en 1999, la toute jeune entreprise Google ne comptait qu'une poignée de salariés et Larry Page, son cofondateur, souhaitait que les données comportementales ne soient utilisées que pour améliorer la vitesse, la précision et la pertinence des résultats. Cependant, la bulle Internet et la crise de ce qu'on appelait alors « la nouvelle économie » entraînent la disparition de nombreux acteurs incontournables ainsi qu'une évolution de la stratégie de Google. Dès 2003, le futur géant dépose un certain nombre de brevets dont un qui s'intitule « Générer des informations utilisateurs à des fins de publicités ciblées »[91]. **Le rêve d'un Internet libre et émancipateur s'éloigne alors qu'un nouveau modèle économique s'affirme** et se diffuse à bien d'autres entreprises jusqu'à ce qu'apparaisse cet acronyme désormais célèbre : « GAFAM ». Celui-ci désigne les 5 plus grandes sociétés du Web ; à elles seules, elles collectent 80 % de l'ensemble des données personnelles [92]. À titre d'exemple, Facebook gagne en moyenne 3,82 dollars par utilisateur et Google réalise 75 milliards de chiffres d'affaires grâce à la seule publicité ciblée[93]. Les GAFAM règnent en maîtres et chacune de ces entreprises dispose d'un véritable monopole radical [94]. La stratégie de Microsoft consiste à faire en sorte qu'une multitude de logiciels ou de jeux ne fonctionnent qu'avec son système d'exploitation Windows. Amazon est de loin le premier site Internet marchand, tous types de produits confondus (et bientôt le premier détaillant au monde en dépassant Walmart en 2022). Des démonstrations similaires peuvent être menées avec Google, Facebook et Apple. Bien sûr, on pourrait considérer que cette collecte de données est encadrée en Europe, notamment depuis l'adoption du Règlement Général sur la Protection des Données (RGPD) qui constitue effectivement une véritable avancée en mettant l'accent sur la notion de consentement ; celui-ci doit désormais être « éclairé et univoque » et l'une des mesures stipule l'interdiction des cases préalablement cochées. Des codes de bonnes

---

[91] ZUBOFF Shoshana, « Un capitalisme de surveillance », *Le Monde diplomatique*, n°778, Janvier 2019, p. 10-11.
[92] RIMBERT Pierre, « Données personnelles, une affaire politique », *Le Monde diplomatique*, n° 750, Septembre 2016, p. 3-4.
[93] Idem.
[94] Le monopole radical implique qu'une marque ou un objet cherche à modifier, contrôler et à terme à forcer des populations à modifier radicalement leurs habitudes quotidiennes, notamment en restreignant leurs choix et leurs libertés. Il impose ainsi de nouvelles habitudes alimentaires, vestimentaires, des contraintes dans la manière de se déplacer, de se divertir, etc.

conduites régissent l'ensemble, et des amendes dissuasives, pouvant tout de même atteindre 4 % de leur chiffre d'affaires mondial, frappent les entreprises contrevenantes. S'il n'est pas certain que cette somme soit véritablement atteinte un jour, il n'en reste pas moins que Google a reçu la première amende de la part de la Commission Nationale de l'Informatique et des Libertés (CNIL) pour non-respect du RGPD en 2019. Le géant international a ainsi dû s'acquitter d'une somme de 50 millions d'euros pour de multiples infractions, l'une d'entre elles concernant la difficulté à laquelle les utilisateurs font face pour comprendre l'usage qui sera fait de leurs données. De plus, la demande de consentement a été jugée « approximative »[95]. Néanmoins, ne soyons pas dupes. Non seulement ces sommes sont dérisoires face à la puissance de ces entreprises et à leur modèle économique mais en outre, cette réglementation arrive tardivement et ne remet pas véritablement en question la nature même de ce qu'est devenu Internet. Effectivement, le RGPD se contente de faire reposer la responsabilité sur l'individu par son consentement (le bon vieux néolibéralisme, donc). Il s'avère que les formules utilisées par les GAFAM respectent désormais tout à fait la réglementation. Après tout, tout ce que l'utilisateur souhaite en se connectant, c'est accéder à un service ; il cochera donc les petites cases le plus rapidement possible, comme il le fait toujours. Selon, un sondage Havas Média, dès septembre 2014, 30 % des Français étaient déjà prêts à vendre leurs données personnelles ; ils étaient même 42 % parmi les plus jeunes[96] !

Concrètement, quelles sont les données personnelles collectées et comment le sont-elles ? Comme je le disais précédemment, l'on pense

---

[95] <https://www.lesechos.fr/tech-medias/hightech/rgpd-google-condamne-a-50-millions-deuros-damende-parla-cnil-802776> (consulté le 26 octobre 2021).

[96] *Havas Media*, « Les Français et leurs données personnelles », 3 octobre 2014.

immédiatement aux réseaux sociaux et c'est bien légitime. Cependant, si l'on se limite à Google[97], voici les données que ses services parviennent à récupérer[98] :
- les sites web et vidéos consultés ;
- les publicités sur lesquelles l'utilisateur clique ;
- la position géographique ;
- les informations de l'appareil utilisé : l'adresse IP ainsi que les cookies (autrement dit une partie de l'historique de navigation) ;
- le nom, la date de naissance, le sexe, le numéro de téléphone, le pays, les adresses mails, les contacts de l'utilisateur ;
- les fichiers stockés dans le cloud ainsi que les documents et calculs entreposés sur Google Drive ou les documents collaboratifs Google.

Tâchons maintenant de dresser une liste des usages[99] :
- Réseaux sociaux : chaque élément de profil (publications, likes, photos, vidéos) donne des informations intéressantes sur l'utilisateur et est donc collecté.
- Moteur de recherche : Google, Yahoo ou encore Bing savent qui effectue la recherche, à quelle heure, et où se trouve l'utilisateur.
- Navigation Internet : les cookies laissent sur l'appareil des traces que certains sites sont capables d'exploiter. C'est le cas de Facebook. Si l'utilisateur est en connexion automatique au réseau social, ce dernier sera capable de le traquer sur l'ensemble des sites qu'il parcourt.
- Boîte mail : l'ensemble des informations présentes dans les mails est analysé par la quasi-totalité des services mails ; c'est bien entendu Gmail qui collecte le plus grand nombre d'informations.

---

[97] On peut lister le moteur de recherche Google, le système d'exploitation Android, le navigateur Chrome, You Tube, les services de traduction, de drive, de documents collaboratifs ou encore le service Gmail.
[98] DUGUAIN Marc, LABBE Christophe, *L'Homme nu*, *op. cit.*
[99] Idem.

- Liseuse : une liseuse connectée peut étudier la vitesse de lecture, les goûts littéraires ainsi que les mots qui causent des difficultés à l'utilisateur.
- Système à reconnaissance vocale (Google Home, Alexa) : à l'heure actuelle, il est difficile de savoir précisément ce qui est collecté par ces nouveaux systèmes. Ce qui est certain, c'est qu'ils enregistrent tout ce qu'on leur demande ainsi que notre utilisation des objets intelligents qui leur sont connectés. Compte tenu du fait que, pour entendre l'utilisateur, ils doivent constamment être à l'écoute, il est probable que bien plus d'informations soient récupérées.
- Smartphone : il s'agit de l'outil idéal en matière de collecte de données. Plus de 70 % de celles-ci sont désormais obtenues par l'intermédiaire du smartphone. Avec lui, l'utilisateur passe bien plus de temps sur Internet et sur des applications qu'auparavant. De surcroît, l'appareil donne accès à Apple, à Google (en fonction de l'OS) et à certaines des applications installées, aux contacts téléphoniques et aux SMS. L'information la plus précieuse reste cependant la géolocalisation permanente de l'utilisateur. C'est le seul programme qui ne peut être réellement désactivé[100], votre position étant de toute façon mise à jour régulièrement (faites le test). N'avez-vous jamais été surpris par le fait que Facebook sait qui est présent sur la photo que vous venez de poster ainsi que le lieu où elle a été prise ? Lorsque nous naviguons sur un site, nous sommes observés en moyenne par neuf autres sites commerciaux qui capturent à notre insu nos informations grâce à des logiciels espions[101]. Vous voulez savoir si tel ou tel usage d'Internet implique que les GAFAM collectent vos données ? La réponse tient en un mot :

---

[100] RIMBERT Pierre, « Données personnelles, une affaire politique », art. cit.
[101] DUGUAIN Marc, LABBE Christophe, *L'Homme nu*, *op. cit.*

oui[102]. **Ils savent tout ce que nous faisons au moment où nous le faisons, tout est recueilli ; ils confrontent chaque nouvelle donnée vous concernant à celles qu'ils possèdent déjà.**

[103]

Cela dépasse bien entendu la seule activité des GAFAM. Vous êtes-vous déjà demandés comment les entreprises de trottinettes en libre-service parviennent à être rentables alors que la durée de vie de ces dernières ne dépasse pas 3 mois étant donné que nombre d'entre elles finissent dans les cours d'eau de nos villes ? Eh bien, lorsque vous créez un compte sur l'application dédiée au service, vous confiez de

[102] Rassurez-vous, nous envisagerons des solutions dans notre dernière partie, l'avantage étant qu'elles fonctionnent aussi bien pour réduire notre impact environnemental que pour limiter la collecte des données.

[103] <https://lorilewismedia.com/> (consulté le 26 octobre 2021).

nombreuses données personnelles ; les capteurs sur la trottinette et votre smartphone font ensuite parvenir à l'entreprise toutes les informations relatives aux trajets effectués. Il n'y a d'ailleurs là rien de secret ; les conditions d'utilisation de l'application Lime, par exemple, stipulent que vous vous engagez à accepter de partager vos données *« avec des parties tierces à des fins de recherche, de commercialisation et pour d'autres objectifs »*[104]. Même le modèle économique des sites de pétitions en ligne repose sur la collecte de données. J'aime vous apprendre de bonnes nouvelles.

Les données personnelles permettent donc aux entreprises d'engranger des recettes en les revendant à des courtiers spécialisés. Le secteur représente plus de 150 milliards d'euros par an. La société la plus importante dans ce domaine est Acxiom ; elle détenait déjà les données de plus de 700 millions de personnes en 2018 grâce à divers arrangements, notamment avec les GAFAM[105]. Le travail de ces courtiers permet de rassembler une large quantité de renseignements, parfois très précis. Ils ont une valeur inestimable pour bien d'autres acteurs :

- Les publicitaires avant tout, bien évidemment. Ils peuvent ainsi plus facilement cibler les consommateurs et savoir comment les attirer le plus aisément possible.
- Les banques et les compagnies d'assurances du monde anglo-saxon ont été les premières à s'intéresser aux données personnelles. Elles ont, par exemple, adapté leurs tarifs à l'activité physique de leurs clients, les conditions d'un prêt au profil de l'emprunteur, qui sera jugé plus ou moins sérieux (on se basera sur les lieux qu'il fréquente et sur ses dépenses)[106]. Le cabinet de conseil britannique Deloitte recommande

---

[104] PITRON Guillaume, « Quand le numérique détruit la planète », art. cit.
[105] RIMBERT Pierre, « Données personnelles, une affaire politique », art. cit.
[106] DUGUAIN Marc, LABBE Christophe, *L'Homme nu*, *op. cit.*

aux assureurs de « minimiser les risques » en mettant en place une « assurance au comportement » au tarif différencié. Pour cela, « les assureurs peuvent suivre le comportement de l'assuré en direct, en enregistrant les heures, les lieux et les conditions de circulation durant ses trajets, en observant s'il accélère rapidement ou s'il conduit à une vitesse élevée, voire excessive, s'il freine ou tourne brusquement, s'il met son clignotant »[107].

- Les partis politiques lors des élections. Barack Obama fut le premier à avoir recours à l'achat de données. Cela lui permit de savoir quelles étaient les zones perdues d'avance et de mieux saisir les préoccupations des populations à cibler dans les États où les sondages ne déterminaient pas de vainqueur clair. Il monta ainsi une équipe spécialisée qui a travaillé dans l'ombre[108]. Dans une moindre mesure, Emmanuel Macron s'en est inspiré en France en 2017[109].

Nous avons précédemment évoqué le striatum et le système dopaminergique. Vous l'aurez sans doute compris, l'objectif des géants du numérique est de s'assurer que nous utilisons leurs services le plus longtemps possible afin de nous vendre du temps d'attention pour la publicité. Il s'agit même plus précisément de certitude de vente compte tenu du fait, qu'avec l'étude de la donnée, ils sont en mesure de cibler mieux que quiconque et aux moments opportuns, les bons clients pour maximiser les chances de les intéresser. Pour construire ce véritable capitalisme de surveillance, ils n'hésitent pas à s'appuyer sur les faiblesses de notre cerveau ; **les figures éminentes de la Silicon Valley ont en effet suivi des cours de changement comportemental afin de rendre les technologies plus addictives** et renforcer

---

107 FRIEDMAN Sam et CANAAN Michelle, « Overcoming speed bumps on the road to telematics », *Deloitte University Press*, 21 avril 2014, 32 pages.

108 <https://www.science-et-vie.com/archives/elections-le-prochain-president-elu-par-les-big-data-39447> (consulté le 26 octobre 2021).

109 Idem.

ce que l'on appelle désormais l'économie de l'attention. Comme le prétend un ancien cadre de Google : « Derrière l'écran, il y a des milliers d'ingénieurs, des supercalculateurs et des algorithmes qui savent tout de vous et testent en permanence ce qui a le plus de chance de vous tenir accroché »[110]. Donnons quelques exemples précis :

- Les plateformes telles que Netflix ou You Tube utilisent la lecture automatique (ou autoplay) en démarrant une nouvelle vidéo à notre place à la fin de la précédente. Il nous est alors très difficile de mettre fin au processus. Il s'agit d'un biais cognitif appelé le piège *abscons*[111]. Elles profitent également pleinement du « besoin de complétude » qui explique la frustration ressentie lorsque l'on a la sensation d'avoir laissé une tâche inachevée (ici, le visionnage de l'épisode suivant de sa série préférée). En d'autres termes, la lecture automatique, c'est l'absence de décision, forcément appréciée par l'être humain évoluant dans une société qui engendre bien souvent une « fatigue décisionnelle »[112].

---

[110] HARRIS Tristan, ex-designer Google dans ORLOWSKI Jeff, *Derrière nos écrans de fumées*, Netflix, 2020, 89 minutes.

[111] Aussi appelé biais d'engagement, le psychologue social Brockner désigne ainsi un comportement humain selon lequel un individu ou un groupe, confronté aux résultats de plus en plus négatifs d'une décision, d'une action ou d'un investissement, persiste néanmoins dans le même comportement plutôt que de changer de cap. Par ce biais cognitif, l'acteur maintient des comportements irrationnels qui s'alignent sur les décisions et actions précédentes

[112] La fatigue décisionnelle ou fatigue de la décision désigne la détérioration de la qualité des décisions prises par un individu après une longue session de prises de décisions ou au fur et à mesure que la journée avance. À la fin des années 1990, Roy Baumeister a montré que la volonté, à l'image d'un muscle, pouvait se fatiguer. L'individu n'est pas conscient lorsqu'il est en état de fatigue décisionnelle, il devient lent mentalement.

- Les réseaux sociaux tels que Facebook et Instagram jouent très largement sur le besoin d'interaction sociale. Si la situation était déjà dramatique, notamment chez les plus jeunes, les confinements successifs ont renforcé la position dominante de ces services qui sont désormais le centre de la sociabilité de bien des personnes. Les réactions sur Facebook, qui s'appuient sur les émotions universelles, permettent d'augmenter le nombre d'interactions tout en récoltant des données plus précises sur l'utilisateur. Plus simplement, la mention « j'aime », par exemple, crée un échange par l'approbation : « Tu aimes mon contenu, c'est donc qu'il est légitime en tant que contenu ; en retour, je vais aimer le tien (bien souvent sans même que je m'y sois intéressé) ». On a là affaire à une véritable pression sociale ; celle-ci atteint son paroxysme avec Snapchat, qui nous permet d'obtenir une récompense virtuelle journalière sous forme de flamme si nous avons une interaction avec notre contact. Or, en l'absence d'un échange sur la plateforme, toutes les flammes sont perdues (même s'il y en avait 1 000 milliards, eh ! Oui). On impose donc l'échange virtuel, ce qui a une incidence claire sur la valeur qu'on donne à l'amitié.
- Ces mêmes réseaux, tout comme You Tube, cherchent également à créer une « chambre d'écho ». Grâce à l'apprentissage profond (c'est-à-dire savoir ce que nous regardons, quand nous le regardons, éventuellement avec qui et où), ces services sont en mesure de nous proposer des contenus toujours plus personnalisés. Vive l'ouverture à d'autres horizons ! Nous sommes donc amenés à consommer des contenus adaptés à nos goûts et à notre profil artificiel créé par les GAFAM. L'on se retrouve alors bien vite enfermé dans une forme d'entre-soi, on réagit à des publications qui ne sollicitent que ceux qui partagent notre point de vue. Vous avez l'habitude de vous disputer

allègrement avec certaines personnes sur Facebook ?[113] C'est pourtant le réseau social qui facilite cette interaction car il a remarqué que vous avez tous un point commun : vous aimez débattre sur la plate-forme.
- L'utilisateur de smartphone est sans cesse alerté par des signaux (vibration, sonnerie, notifications) visant à l'informer qu'il se passe quelque chose, à déclencher une réaction, ce qui influence évidemment ses activités journalières. Il ne résistera pas à la tentation de consulter les nouvelles pour ne pas ressentir de frustration (toujours ce besoin de complétude). Cela est d'autant plus vrai que le smartphone étant devenu la norme, l'on s'attend à obtenir une réponse rapide de la part de son interlocuteur. Un retard pourrait être considéré comme un manque de considération, notamment en milieu professionnel.
- Les fils d'actualité des réseaux sociaux utilisent tous le principe de « l'infinite scroll »[114] au lieu de la traditionnelle pagination. Le déversement d'informations ne cesse jamais, celui des publicités non plus. Il est alors aisé d'enfermer l'utilisateur dans un flot continu durant lequel il se contentera généralement de lire des titres, sans se donner le temps de sonder la véracité des articles et des statuts. Rappelons que notre cerveau assimile désormais fréquemment le simple fait de toucher l'écran de son téléphone à l'un des moteurs du système dopaminergique, cela par anticipation.

On pourrait conclure ce chapitre en considérant que tout cela n'est pas bien *folichon* (terme familier) mais j'aimerais ajouter une anecdote. Celle-ci mènera sans doute mes étudiants à me traiter de boomer, ce qui briserait le cœur de n'importe quel trentenaire. Tel Bo Burnham[115], je vais malgré tout jouer à l'ex-jeune dépassé. Alors que je conduisais

---

[113] Arrêtez, sérieusement. Vous ne convaincrez personne par commentaire interposé. Bon ok, ça m'arrive également mais j'essaie d'éviter… Si, si !
[114] Mes excuses pour l'anglicisme mais la formulation française s'avèrerait peu parlante.
[115] Son spectacle solo Bu Burnham Inside est à voir !

ma fidèle Dacia Sandero lors d'un séjour dans le Vercors, j'aperçus un groupe de jeunes adolescents d'une quinzaine d'années. Ils étaient cinq à « traîner » dans cette petite ville où j'étais de passage. Je me suis garé et les ai observés quelques minutes (j'avais une course à faire, ne faites pas les gros yeux) avant de remarquer que leur communication se limitait à des réactions concernant ce qui apparaissait sur leurs écrans. Des regards complices ? Aucun. Bien sûr, on est habitué à ce type de scène en ville, dans le métro, mais je ne sais pas… Peut-être qu'une forme de naïveté m'avait fait espérer que c'était différent lorsque l'on était plus proche de la nature. Apparemment pas.

Chapitre III
Implications cognitives, transformations sociales

Ce qui s'exprime de plus en plus sur Internet au fil des ans, c'est la jalousie, la colère, l'étroitesse d'esprit, la violence, le chaos et le sectarisme. Autour de quelques îlots de réflexion et de sagesse, un océan de haine et d'intolérance. Cette maudite invention détruit un par un tous les fondements de nos civilisations. Le ciment de nos sociétés.

BERNARD MINIER. ÉCRIVAIN

Compte tenu du lien très fort qui lie l'outil smartphone au fonctionnement primaire de notre cerveau, il ne fait aucun doute que les impacts cognitifs de nos usages ne sont pas anodins. L'addiction, notamment celle des plus jeunes (on les appelle généralement les « enfants »), est le danger numéro un. L'INSERM nous fournit à ce sujet des données abondantes. Selon lui et son directeur de recherche en neurosciences Michel Desmurget, « dès 2 ans, les enfants des pays occidentaux cumulent chaque jour presque 3 heures d'écran en moyenne. Entre 8 et 12 ans, ils y consacrent près de 4 h 45. Entre 13 et 18 ans, ils effleurent les 6 h 45. Exprimé en cumul annuel, cela représente autour de 1 000 heures pour un élève de maternelle (soit davantage que le volume horaire d'une année scolaire), 1 700 heures pour un écolier de cours moyen (2 années scolaires) et 2 400 heures pour un lycéen du secondaire (2,5 années scolaires). Exprimé en fraction du temps quotidien de veille, cela donne respectivement un quart, un tiers et 40 % »[116]. La conception de l'outil smartphone explique en partie ces chiffres effarants : il est arrondi, adapté à la prise en main, lumineux, capable d'une multitude de fonctionnalités et aisément manipulable grâce à un écran tactile. Il captive d'autant plus les plus jeunes que ceux-ci voient bien souvent leurs parents s'en servir à longueur de temps. C'est ainsi que de plus en plus d'enfants sont suivis par des psychologues, car victimes de troubles nombreux et inquiétants : dépression, irritabilité, insomnie ou encore difficultés de concentration[117]. Si l'être humain est un animal fondamentalement mimétique (comme bien d'autres), il l'est encore davantage avant l'âge de 7 ans. La petite enfance est une période durant laquelle il absorbe quantités d'informations ; son cerveau est ainsi amené à faire des choix concernant les comportements et savoirs à conserver en priorité ou non. Or, le smartphone, disposant de la capacité de provoquer d'importances décharges de dopamine, possède tous les attributs de l'objet addictif. Ainsi, **le cerveau va juger son utilisation prioritaire et va lui faire prendre le pas sur les savoirs sociaux et l'ensemble des activités, expériences et stimulations, initialement formatrices et fondamentales**[118]. Ainsi, chez les enfants de moins de 15 ans, lorsqu'il est utilisé quotidiennement, le smartphone (ou la tablette) « augmente les troubles de l'attention », « retarde l'émergence du langage », « entrave la construction du principe de causalité et des premières notions de temps », « altère le développement de la motricité

[116] DESMURGET Michel, *La fabrique du crétin digital – les dangers des écrans pour nos enfants*, Paris, Seuil, 2019, 576 p.
[117] <https://www.letemps.ch/societe/smartphone-une-drogue-touche-surtout-enfants> (consulté le 26 octobre 2021).
[118] BACH Jean-François, HOUDE Olivier, LENA Pierre et TISSERON Serge, *L'enfant et les écrans*, Académie des Sciences, 2013, 272 p.

fine et globale » et « nuit à une socialisation adaptée »[119]. Les études scientifiques montrent que l'exposition massive aux écrans génère des incidences négatives majeures sur le développement des fonctions cognitives, confirme Michel Desmurget, directeur de recherche en neurosciences à l'Inserm[120]. Les enfants sont moins aptes à résister au mécanisme de récompense aléatoire. Notre capacité à effectuer un choix réfléchi n'est pas complètement développée chez les jeunes. Les nombreuses sollicitations créent rapidement une fatigue décisionnelle, les mènent à se connecter pendant de nombreuses heures et freinent de manière significative leur aptitude à développer leur prise d'initiatives. Il existe d'ailleurs une anecdote connue concernant Steve Jobs, celui-là même qui présentait le premier iPhone comme « une révolution » mais qui interdisait à ses enfants d'en posséder un[121]. Dans la même veine, les établissements scolaires de la Silicon Valley accueillant les enfants des cadres de toutes les grandes entreprises du numérique, prohibent l'utilisation de tout outil numérique pour des raisons pédagogiques avant l'âge de 15 ans[122]. C'est cependant Nir Eyal, l'homme qui a encouragé les firmes à utiliser les techniques de manipulation, qui est le plus clair : « Toute exposition des enfants aux écrans est dangereuse »[123]. Pendant ce temps, ces mêmes entreprises investissent des millions en lobbying pour un déploiement massif des nouvelles technologies dans nos collèges[124]. Ainsi, lorsqu'elle était ministre de

---

[119] DESMURGET Michel, *La fabrique du crétin digital – les dangers des écrans pour nos enfants*, *op. cit.*

[120] Idem.

[121] <https://www.francetvinfo.fr/sciences/high-tech/bill-gates-steve-jobs-quand-les-patrons-de-la-silicon-valley-interdisent-les-portables-et-les-reseaux-a-leurs-enfants_2514445.html > (consulté le 26 octobre 2021).

[122] Idem.

[123] Jeff ORLOWSKI, *Derrière nos écrans de fumées*, Netflix, 2020, 89 minutes.

[124] LABOUT Pascale, *La fin des profs* [Documentaire], Spécial Investigation, France 2, 52 minutes.

l'Éducation nationale durant une partie du quinquennat de François Hollande, Najat Vallaud-Belkacem a conçu le plan « Tablette pour une éducation digitale » pour les collèges afin que la France devienne « leader dans l'e-education »[125]. Malheureusement (ou heureusement, difficile à dire), le problème de l'addiction ne se limite pas aux enfants. En effet, la majorité des moins de 30 ans est nomophobe (no mobile phobe), ils ont une peur panique de se retrouver privés de leur smartphone[126]. L'étude Elabe indique par exemple que 61 % des Français regarderaient leur écran dès leur réveil, la moitié consulterait leur téléphone toutes les 10 minutes alors qu'un tiers admet avoir déjà négligé la surveillance d'enfants en bas âge à cause de leur smartphone[127]. Malgré tout cela, les magasins de jouets proposent de plus en plus d'appareils technologiques éducatifs sous la forme de téléphones connectés et habituent ainsi nos marmots à se comporter comme de vrais addicts. Bien entendu, aucune mention portant sur leurs dangers ne figure sur les emballages !

Ces constats doivent nous interroger sur notre rapport à la technique. En 1973, Ivan Illich estimait qu'une technologie devait à tout prix être « conviviale » pour demeurer profitable : « conviviale est la société où l'Homme contrôle l'outil ». Il ajoutait « si les outils ne sont pas dès maintenant soumis à un contrôle politique, la coopération des bureaucrates du bien-être et des bureaucrates de l'idéologie nous fera crever de *bonheur*. La liberté et la dignité de

---

125 <https://www.najat-vallaud-belkacem.com/2017/01/16/les-vertus-du-numerique-pour-tous-reportage-de-la-montagne-a-tulle/ > (consulté le 26 octobre 2021).

126 <https://www.futura-sciences.com/sante/definitions/hygiene-vie-nomophobie-15110/ > (consulté le 26 octobre 2021).

127 <https://www.lesechos.fr/politique-societe/societe/addiction-aux-ecrans-un-tiers-des-francais-sedisent-concernes-1141185 > (Consultée le 26 octobre 2021).

l'être humain continueront à se dégrader, ainsi s'établira un asservissement sans précédent de l'homme à son outil »[128]. Il ne fut pas le seul à s'être indigné puisque dès 1937, George Orwell, le célèbre auteur de la dystopie *1984*, confiait que « L'aboutissement logique du progrès mécanique est de réduire l'être humain à quelque chose qui tiendrait du cerveau enfermé dans un bocal ». Pour lui, l'assujettissement à la machine détruit notre créativité et la volonté d'agir par soi-même. Ces réflexions me semblent essentielles dans un monde où la plupart des métiers, des loisirs et des relations sociales s'exercent face à un écran. La pandémie de Covid-19 a au moins eu le mérite de nous rappeler le caractère essentiel du langage corporel dans l'entretien de bonnes et agréables relations sociales afin d'éviter de demeurer chacun dans son bocal numérique. Les outils numériques, et particulièrement le smartphone, s'emparent de notre mémoire, ce qui nous fait courir un risque dramatique : celui d'affaiblir notre imagination, celle-là même qui se nourrit du vécu émotionnel. À titre d'exemple, on a découvert que la lecture d'un e-book n'active pas les mêmes zones de notre cerveau que celle d'un livre papier[129]. On a remarqué que la compréhension des messages de l'ouvrage par le lecteur, diminue lorsqu'il utilise un écran. Pour Patricia Greenfield, professeur de psychologie de l'Université de Californie, l'usage croissant d'Internet aurait « fragilisé notre capacité à acquérir des connaissances profondes, à mener des analyses inductives, à produire de l'esprit critique, de l'imagination et de la réflexion »[130]. Nous avons déjà évoqué dans le chapitre précédant le fait qu'il est particulièrement complexe de résister à l'attraction de cette technologie. Le smartphone

---

[128] ILLICH Ivan, *La Convivialité*, Paris, Seuil, seconde édition 1973, 160 p.
[129] DUGUAIN Marc, LABBE Christophe, *L'Homme nu*, *op. cit.*
[130] Patricia GREENFIELD, « Cognitive Aging Data Will Take Time », *Science*, Vol. 325, Juillet 2009, p. 265-266.

est en effet perçu comme un coéquipier permanent qui nous rend mille et un services au quotidien. En cas d'oubli ou de perte, la sensation angoissante ressentie n'a donc rien d'étonnant ! Malgré tout, il ne fait aucun doute que les propriétaires d'un smartphone ont tendance à minimiser cette dépendance. La psychologie sociale l'explique d'ailleurs par l'existence d'un nouveau biais cognitif qui permet d'expliquer des réactions telles que « Non mais je contrôle l'utilisation de mon smartphone, je ne l'utilise pas tant que ça ! », alors même qu'au fond, ils ont parfaitement conscience du problème. On appelle cela « l'escalade d'engagement », biais qui consiste à persister dans une mauvaise direction plutôt que d'admettre l'erreur initiale, ce qui nous pousse à justifier nos comportements afin d'éviter une sanction hormonale de la part de notre cerveau. En somme, **le smartphone devient un véritable organe externe** dans la mesure où nous nous sentons bien trop souvent incapables de nous en passer tant il est vital pour notre vie quotidienne. Cela est d'autant plus vrai qu'il contient notre identité et est l'objet de notre attention constante.

L'une des conséquences majeures de cette addiction généralisée est notre perte d'autonomie en tant qu'individus. Vous souvenez-vous du fameux slogan d'Apple concernant les premiers iPhones ? « Il y a une application pour ça ». Il s'agissait ni plus ni moins de nous prouver que nous n'aurons plus besoin de réfléchir car nous aurons sur nous un ordinateur surpuissant et connecté capable de nous remplacer pour bien des tâches. C'est certain, nous avons des applications pour tout : évaluer nos performances sportives, trouver un partenaire sexuel, reconnaître les plantes, installer un cadre correctement… Grâce à la fonctionnalité GPS, il est devenu impossible de s'égarer : « C'est quand même vachement pratique » ou « Quand on n'a pas le sens de l'orientation, c'est indispensable »[131], entend-on souvent. Sans jeu de

[131] Pour citer la quasi-totalité des utilisateurs réguliers.

mots, ces arguments ne tiennent pas la route car ils ne questionnent aucunement l'origine de ce manque de compétence. Si nous n'entraînons pas la zone de notre cerveau dédiée à cette forme d'intelligence qu'est l'orientation, jamais nous ne la développerons. Une étude met particulièrement bien en évidence la problématique du GPS en démontrant que ses utilisateurs ont désormais tendance à suivre aveuglément les consignes de l'ordinateur sans prêter attention au chemin parcouru[132]. Nous devenons donc toujours plus dépendants et notre évolution cognitive en pâtit. Rien de telle qu'une petite anecdote pour appuyer là où ça fait mal. Je vis à chaque scrutin électoral une bien belle expérience lorsque les assesseurs, le président et le secrétaire de mon bureau de vote doivent calculer le nombre de bulletins. La règle étant d'abord de réaliser des piles de 100, nous nous retrouvons avec des calculs du type : 100 + 100 + 100 + 72. Réaction de toutes les personnes présentes ? Sortir son smartphone et utiliser la fonction calculette. Ces dernières décennies, nous sommes tombés dans la dépendance ; vis-à-vis des agriculteurs pour produire nos aliments, des spécialistes de santé pour soigner le moindre mal, des magasins pour se fournir en produits d'hygiène ou d'entretien… **Pour assurer son existence et son développement, la société de consommation nous dépossède de notre autonomie en nous proposant toujours plus de biens et de services**. Les outils numériques, particulièrement le smartphone, ne constituent alors qu'une étape supplémentaire de cette expansion. Mais pas n'importe laquelle, compte tenu de la multitude de fonctionnalités qui rendent obsolètes bon nombre de nos capacités ! N'oublions pas que le fait de fournir le moins d'efforts possible satisfait notre cerveau et active le circuit de la récompense avec une belle

---

[132] BARON Naomi, « Know what? How digital technologies undermine learning and remembering », *Journal of Pragmatics*, Vol 175, Avril 2021, p. 27- 37.

décharge de dopamine. Nous nous nous coupons ainsi plus que jamais de notre état naturel, passifs et enclins à accepter les dernières inventions que nous préparent les GAFAM.

Partie III
L'outil qui nous laisse entrevoir ce futur dystopique

Chapitre I
Les contours de la transition écologique libertarienne

Je pense que la plupart des gens n'ont pas envie que Google réponde à leurs questions. Ils veulent que Google leur dise ce qu'ils devront faire par la suite.
ERIC SCHMIDT, ANCIEN PRESIDENT ET PDG DE GOOGLE

Le pouvoir acquis par les GAFAM par l'intermédiaire de la numérisation du monde est de plus en plus clairement mis au service d'une idéologie économique et politique : le libertarisme. Il s'agit d'une vision du monde qui propose de dépasser l'actuel néolibéralisme. En effet, si ce dernier a eu pour objectif, dès les années 1980, de réduire au maximum l'influence de l'État et son interventionnisme, le libertarisme défend une quasi-disparition de celui-ci. Le dogme reste néanmoins le même : **les pouvoirs publics, les législations, les normes ont une influence négative sur la capacité d'innovation et de transformation du monde**. En d'autres termes, nous pourrions le changer et l'améliorer bien plus rapidement grâce à une multitude de technologies. On peut identifier les 5 piliers du libertarisme contemporain défendu par les GAFAM :
- *La priorité donnée aux grandes entreprises dans la gestion des affaires publiques.* Nous en prenons d'ores et déjà le chemin avec certains Partenariats Publics Privés (PPP) qui font la part belle aux acteurs économiques privés les plus puissants dans des dossiers de construc-

tion d'infrastructures publiques. Certains stades se voient ainsi nommer de manière éloquente : Groupama Stadium à Lyon ou Allianz Riviera Stadium à Nice. Ces sociétés obtiennent ainsi des concessions sur plusieurs décennies pour la gestion du stade (les entreprises ayant avancé les coûts de construction obtiennent la totalité des recettes issues des matchs et des locations durant toute la durée de vie de l'enceinte sportive).

- *La prédiction génétique,* qui vise à éviter les maladies infantiles ou les malformations. Dès aujourd'hui et à partir d'un simple échantillon de salive, l'entreprise 23 & Me, à partir de notre profil génomique, achète la probabilité que nous développions la maladie d'Alzheimer ou de Parkinson[133]. Ces données sont ensuite revendues à des firmes pharmaceutiques. Des assurances pourraient ensuite les racheter et adapter leurs tarifs en fonction de notre profil génétique. Plus inquiétant encore est le risque de dérive vers un monde semblable à celui décrit dans le célèbre ouvrage d'Aldous Huxley *Le meilleur des mondes*[134].

- *La prédiction sécuritaire :* il existe un algorithme capable de prédire la probabilité d'un délit ou d'un crime. Il est actuellement testé dans des villes états-uniennes[135]. Ce type de dispositif et le risque de surveillance généralisée peuvent nous faire craindre une forme de normalisation disciplinaire. Pour éviter de sortir de la norme et par pression

---

[133] < https://opportunites-technos.com/test-genetique-23andme/ >, (consulté le 26 avril 2021).

[134] Dans *Le Meilleur des mondes,* célèbre dystopie publiée en 1932, Aldous Huxley nous donne la vision d'un futur possible. Il nous dépeint une société eugéniste où la natalité est sous le contrôle des scientifiques et prend le chemin du rêve transhumaniste ; le Soma, une drogue bienfaisante, permet d'être éternellement heureux. Ce roman décrit aussi une dictature qui aurait les apparences de la démocratie, les évasions et les rêves proscrits.

[135] <https://sciencepost.fr/chicago-baisse-de-plus-dun-tiers-fusillades-grace-a-algorithme/ > (consulté le 26 octobre 2021).

sociale, l'on s'autocensurerait, ce qui permettrait de « rendre les gens et les actes conformes au modèle »[136].

- L'orientation transhumaniste qui prend le relais de l'antique quête d'immortalité que l'on retrouve dans l'histoire de l'humanité. S'il ne s'agit plus ici d'une pierre philosophale, les objectifs n'en sont pas moins tout aussi surprenants qu'inquiétants. Le groupe Alphabet (qui n'est autre que la société mère de Google) a par exemple créé la California Life Company ; celle-ci s'est fixé pour objectif de faire progresser l'espérance de vie de 20 ans d'ici 2035 en combattant la maladie bien avant qu'elle n'apparaisse[137]. Pour cela, rien de plus simple : vous mettez un bracelet connecté, vous ingérez des gélules pleines de nanoparticules et la technologie vous alertera sur les risques (maladies cardiovasculaires, cancer…) que vous courez. Beaucoup d'autres innovations envisagent plus directement la transformation du corps grâce à la technologie ou à la fusion du cerveau humain avec un cerveau artificiel, un ordinateur biologique en somme[138]. Quoi qu'il en soit, nous pouvons légitimement nous interroger sur le caractère souhaitable d'une prolongation de la vie humaine compte tenu du sens d'un tel *progrès*, des enjeux écologiques mais aussi de l'éventuelle disparition de la dernière égalité qu'il nous reste ici-bas : l'égalité face à la mort. Dans son livre *A nous d'écrire demain*, Éric Schmidt, ancien PDG et président de Google, annonce que le smartphone n'est avant tout qu'un test à grande échelle visant à vérifier l'acceptation par les

---

[136] FOUCAULT Michel, *Sécurité, territoire, population (1977-1978)*, Paris, EHESS, Gallimard, Le Seuil, coll. « Hautes études », 2004, 435 p.
[137] <https://www.eicar.fr/au-prix-de-lhomme/> (consulté le 26 octobre 2021).
[138] <https://www.rtl.fr/actu/sciences-tech/neuralink-elon-musk-relier-cerveau-humains-machines-survivre-intelligence-artificielle-7787855793> (consulté le 26 octobre 2021).

populations de l'omniprésence de la technologie dans leur quotidien[139].

- *L'automatisation de l'économie :* si le processus a été entamé depuis longtemps dans les secteurs primaires (agriculture) et secondaire (industrie), le nouveau défi est aujourd'hui surtout d'automatiser le tertiaire (services). Cela n'entraînerait plus uniquement la disparition de métiers à faibles qualifications, mais également le remplacement des médecins ou des avocats par des algorithmes (ces derniers sont en mesure de réaliser des diagnostics médicaux efficaces, et le programme Case Law Analytics propose des expertises juridiques poussées). Sans parler des robots domestiques et des magasins sans caisses et sans personnel.

- *Une transition écologique centrée sur la technologie et le contrôle.* Le libertarisme contemporain oppose à la vision biocentrée de l'écologie politique, une vision anthropocentrée dont l'objectif premier est la primauté des êtres humains (de certains plus que d'autres), car elle considère que l'homme n'est pas une espèce comme une autre et que ses droits sont simplement supérieurs.

Si vous souhaitez mieux saisir les caractéristiques du libertarisme, je vous invite fortement à vous intéresser aux ouvrages, aux articles et aux interviews de l'essayiste Laurent Alexandre qui n'est pas loin de se revendiquer l'un des porte-parole de cette idéologie en France. Nous en arrivons ainsi à un point essentiel de cet ouvrage et, maintenant que vous avez pris le temps d'en lire la moitié, je peux tout avouer : le smartphone ne fera pas échouer la transition écologique. En vérité, il la transforme, nous dépossède de nos moyens d'action et contribue à rendre nos attentes conformes à une transition écologique numérique, intelligente et productiviste. La réflexion sur la collecte et

---

[139] COHEN Jared, SCHMIDT Éric, *A nous d'écrire demain : comment les nouvelles technologies bouleversent le monde*, *op. cit.*

la commercialisation des données personnelles nous amène à considérer que la gratuité des services proposés n'est qu'illusoire ; il serait plus pertinent encore de préciser que le vrai produit est en fait constitué par le changement graduel et imperceptible de nos visions du monde et de nos comportements. En effet, c'est avant tout pour améliorer les modèles prédictifs, l'apprentissage automatique et la qualité des algorithmes que les données sont exploitées. Par une connaissance toujours plus précise de chacun d'entre nous et des manières de nous influencer, les créateurs des algorithmes nous soumettent à leur *philosophie*. Ne cessons d'ailleurs d'avoir à l'esprit que ces lignes de codes ne sont rien d'autre que des opinions[140]. Éric Schmidt, ancien PDG et président de Google (déjà dit), précise : « Pour le citoyen de demain, l'identité sera la plus précieuse des marchandises et c'est essentiellement en ligne qu'elle existera. Le pouvoir de cette nouvelle révolution des données : chacun de ses aspects négatifs appellera en retour un bienfait économique substantiel »[141]. Il ajoute : « Si vous faites quelque chose que vous souhaitez que personne ne sache, peut-être devriez-vous commencer par ne pas le faire »[142]. Ces déclarations, fortes idéologiquement, se concrétisent davantage chaque année. C'est en 2016 que les défenseurs d'un libertarisme numérique constatent le potentiel de ces outils dans le contrôle des populations à l'occasion de la sortie du jeu Pokémon Go. Cette application, publiée par l'entreprise Niantic, fut la plus téléchargée au monde cette année-là. Les véritables clients de cette dernière n'étaient pas les utilisateurs mais les grandes enseignes à qui

---

[140] Par exemple, si vous publiez quelque chose à propos de la décroissance sur les réseaux appartenant à Facebook, vous n'aurez que peu de chances d'être lu par vos contacts.

[141] COHEN J. SCHMIDT E., *A nous d'écrire demain : comment les nouvelles technologies bouleversent le monde*, *op. cit.*

[142] Idem.

l'on proposait la présence de boutiques ou d'arènes Pokémon (fictives, j'espère que vous suivez) devant leurs magasins. Nos amis de Starbucks n'eurent alors plus qu'à offrir une ristourne aux acquéreurs du jeu pour les attirer massivement chez eux[143]. Tout cela démontre, qu'en plus de collecter les données, **il est possible d'orienter massivement les comportements des populations grâce aux outils numériques**. Ainsi, nous ne sommes plus simplement dans un capitalisme de surveillance mais bel et bien dans un capitalisme de surveillance ET de contrôle. Celui-ci est le premier élément incontournable d'une transition écologique libertarienne. Le second consiste en des technologies numériques toujours plus élaborées qui délèguent des tâches toujours plus importantes et complexes aux ordinateurs. Les GAFAM n'hésitent d'ailleurs plus à considérer leur capacité d'innovation comme particulièrement salvatrice. Peter Thiel, un important investisseur de Facebook, estime que « les entreprises transcendent le pouvoir. Si elles ferment, le marché boursier s'effondre. Si le gouvernement ferme, rien n'arrive et nous continuons à avancer parce que cela n'a pas d'importance. La paralysie du gouvernement est en réalité bonne pour nous tous ». Larry Page, le fondateur de Google, considère de son côté qu'« il y a beaucoup, beaucoup de choses importantes et excitantes que nous pourrions faire, mais nous en sommes empêchés parce qu'elles sont illégales »[144]. Tous les deux sont d'ailleurs sponsors de la Singularity University dont l'objectif est de promouvoir la force des technologies exponentielles afin de résoudre un ensemble large de problématiques sociétales, cela à condition que les pouvoirs publics n'imposent

[143] ZUBOFF Shoshana, « Un capitalisme de surveillance », *op. cit.*
[144] < https://www.nouvelobs.com/l-enquete-de-l-obs/20140408.OBS3028/silicon-valley-le-plan-fou-des-nouveaux-maitres-du-monde.html > (consulté le 26 octobre 2021).

aucune contrainte. Salim Ismail, ancien vice-président de Yahoo et membre de cette université, renchérit : « Les pouvoirs publics ne sont pas armés pour comprendre les technologies exponentielles. Ils ont donc tendance à vouloir entraver leur progression, ce qui ne sert à rien »[145]. Google se revendique comme le meilleur spécialiste des sujets intéressant les populations et affirme être à même d'influencer le comportement de ces dernières en contrôlant la plupart des outils destinés à informer les masses. Uber estime qu'il pourrait décider des plans d'urbanisme en lieu et place des collectivités locales car l'entreprise possède toutes les données de circulation grâce à ses millions de chauffeurs. En somme, les GAFAM pensent être mieux armés que les élus et les gouvernements. Les libertariens n'hésitent donc pas à mettre en avant l'utilité des fonds privés et des organismes de bienfaisance pour prouver qu'ils pourraient tout à fait remplacer l'État dans nombre de ses compétences. Ces dispositions tendent-elles vers l'intérêt général ou vers la ploutocratie ? Noam Chomsky considère que ces choix mèneraient une société à l'autodestruction[146]. Cette soif de surveillance généralisée est l'apanage de régimes autoritaires ; ces derniers la justifient ainsi : lorsque l'on n'a rien à cacher, on ne craint pas d'être surveillé. Dans le même temps, la collecte massive de données et les usages qui en découlent donnent de terribles capacités à celui qui en prend le contrôle, bien plus que n'a pu en avoir n'importe quel totalitarisme dans le passé.

Abordons maintenant les éléments les plus concrets et les plus opérationnels. Pour accomplir sa transition écologique, le libertarisme

---

145 < https://www.lesechos.fr/2013/11/singularity-university-les-adorateurs-du-futur-1100122 > (consulté le 26 octobre 2021).

146 CHOMSKY Noam, *Comprendre le pouvoir,* Bruxelles, Aden, 2006, Tome II, p. 174-175.

souhaite s'appuyer sur des technologies hi-tech débordant d'intelligences artificielles. L'exemple le plus parlant est sans aucun doute celui des voitures intelligentes et autonomes. Étant donné que celles-ci sont déjà fonctionnelles, comment se fait-il que leur déploiement n'ait toujours pas eu lieu ? Tout simplement parce que l'installation des antennes 5G sur toutes les routes est un préalable indispensable au contrôle des véhicules. Outre ce problème d'équipement, demeure un questionnement éthique aux implications juridiques. Dans le cas d'un accident inévitable mettant en danger une petite fille et une mère de famille, qui le véhicule devra-t-il choisir de renverser[147] ? Malgré tout, cette voiture autonome illustre parfaitement les avantages supposés d'une transition écologique intelligente. Le projet Coopérative ITS Corridor, financé par l'Union européenne, est une autoroute expérimentale connectée desservant Amsterdam, Francfort et Vienne. Une portion test de 8 km est déjà équipée d'une *Unité de bord de route* (comprenant une antenne 5G et des ordinateurs) tous les 500 mètres et d'une caméra tous les 100 mètres. La généralisation de cette logistique devrait permettre l'interconnexion des véhicules et des infrastructures afin de réduire les embouteillages en permettant d'ajuster les itinéraires en temps réel. Bien sûr, la conduite autonome, plus fluide, consommerait moins d'énergie et l'on pourrait aboutir à une forme d'autopartage en laissant son véhicule personnel et en empruntant une sorte de service de robots taxis en covoiturage. Voilà bien un projet qui fait rêver même si je suppose que les trouble-fêtes que vous êtes prétendront que ces solutions technologiques ne semblent répondre qu'au défi de la mobilité. Que vous êtes naïfs ! Quid de l'alimentation ? Des robots pilotés par un relais 5G seront en mesure d'informer les agriculteurs sur les doses précises de pesticides et d'eau à utiliser

---

[147] Si vous parvenez à répondre froidement à cette question, laissez-moi vous rappeler que vous êtes un monstre.

afin de réduire au maximum la dépense de ressources. Quid de la consommation d'électricité ? Les objets intelligents de votre domicile sauront vous accompagner et vous inciter à avoir les bons réflexes (et rien n'empêchera votre chauffage de régler lui-même la température). Qu'en sera-t-il des effets du changement climatique devenus inévitables ? La géo-ingénierie nous permettra de changer directement le climat plutôt que le système économique. Cela s'effectuera en dispersant du soufre dans le ciel à l'aide d'une technologie de pointe dans l'espoir de maîtriser le projet le plus complexe et le plus risqué de l'histoire de l'humanité. Si ces perspectives peuvent sembler terrifiantes, elles ne font heureusement pas l'unanimité. Pourtant, **la transition écologique numérique, intelligente et productiviste est pleinement intégrée dans les discussions et les propos d'entreprises et de personnalités influentes**. Cette tendance transparaît dans les efforts fournis par les banques pour afficher une image plus verte. Je ne peux m'empêcher de vous révéler une anecdote personnelle à ce sujet ! Mon conseiller bancaire, qui connaît mon intérêt pour les questions environnementales, m'a proposé une superbe offre : la location peu onéreuse d'un vélo électrique géolocalisé auto-verrouillable, utilisable uniquement grâce à une application smartphone qui identifie le locataire. Vous imaginez ma joie face à une telle proposition ! Sur TF1, et en réaction aux propositions de la convention citoyenne, François Lenglet (mon économiste favori) nous apprenait que, certes la 5G serait polluante, mais « elle permettrait d'éviter bien des déplacements »[148]. Dans le cadre de mon mandat à la métropole de Lyon, j'ai l'occasion d'entendre très régulièrement les propos révélateurs de

---

[148] TF1, journal de 20 h, du dimanche 21 juin 2020. <https://www.lci.fr/population/video-les-propositions-de-la-convention-citoyenne-sont-elles-economiquement-realistes-la-mise-au-point-de-francois-lenglet-2157246.html > (consulté le 26 octobre 2021).

l'ancien ministre et ancien maire de Lyon Gérard Collomb. Il défendait en 2020 l'installation de la 5G sur le territoire, en vantant ses mérites écologiques, et en prenant soin de nous préciser : « Je me souviens que ceux qui se battaient contre la 4G étaient également contre la vaccination. Au fond, on a un vieux débat entre ceux qui croient au progrès et ceux qui pensent qu'il faut tout stopper ». Je suis au moins d'accord avec lui sur un point : il existe clairement une confrontation culturelle, un affrontement de deux visions en matière d'écologie (anthropocentrisme contre biocentrisme, souvenez-vous). Il va sans dire que les positions libertariennes sont systématiquement critiquables et bien souvent douteuses. Revenons un instant sur André Gorz qui démontrait déjà en 1973 à quel point l'automobile, dépendante d'un approvisionnement en pétrole et d'une infrastructure gigantesque, repose sur une autonomie largement fictive : « Ce véhicule allait obliger l'automobiliste à consommer et à utiliser une foule de services marchands et de produits industriels que seuls des tiers pouvaient lui fournir. L'autonomie apparente du propriétaire d'une automobile recouvrait sa radicale dépendance »[149]. La démonstration paraît encore plus probante pour les véhicules autonomes qui ne pourraient *rouler tout seuls* qu'à la condition de modifier radicalement leur environnement en déployant autour d'eux un ensemble de macro systèmes techniques. Une critique qui est renforcée par le risque d'effet rebond (ou paradoxe de Jevons) engendré par le progrès technique dans un monde productiviste. Les économies d'énergie procurées par une technique entraînent l'augmentation de la consommation globale. Dans notre cas, les grandes entreprises du secteur profiteraient d'une baisse historique des prix, ce qui favoriserait la route au détriment du rail. Que ce soit pour du fret ou des déplacements de personnes, cela inciterait à augmenter le volume de marchandises en circulation, pour

[149] GORZ André, *Écologie et politique*, Paris, Galilée, 1975, 336 p.

le plus grand profit des monopoles de la vente en ligne. Les particuliers, les actifs surmenés, par exemple, ne résisteraient probablement pas à la tentation de se faire livrer tout et n'importe quoi à domicile. Les véhicules autonomes pourraient alors concurrencer les transports en commun, d'une part en étant encore moins chers qu'un Uber, d'autre part en rendant la voiture plus attractive car plus efficace. Si l'automobile devient un lieu de confort, dépourvu de stress, qui offre à au consommateur un espace privé, des horaires flexibles, et presque aucune tâche de conduite, l'utilisateur pourra échapper aux désagréments des transports publics et opter pour un véhicule autonome (personnel ou non). Ce dernier renforcerait ainsi le phénomène de suburbanisation car il rendrait acceptable le fait de vivre loin de son travail et permettrait de débuter sa journée dès l'aube dans une sorte de bureau privatif mobile. Il permettrait à de nouveaux usagers (enfants, personnes très âgées) de se déplacer facilement, ce qui augmenterait encore le nombre de véhicules sur les routes. Une précision tout de même : qu'il s'agisse de la voiture autonome ou des centaines d'autres technologies intelligentes envisagées par l'industrie du numérique, elles imposent le recours au smartphone, elles ne pourront donc que difficilement voir le jour sans cet outil. Il permettra de les piloter, au moins dans un premier temps. Dans le cas de la voiture autonome, il sera indispensable, ne serait-ce que pour monter et payer via un service Google, par exemple. Dans ce futur, vous n'existerez pas sans votre smartphone.

Chapitre II
Un système inégalitaire assumé

Nous acceptons la réalité du monde auquel nous participons.
TRUMAN DANS
« THE TRUMAN SHOW »

L'émergence et le développement extrêmement rapide des outils numériques, des plates-formes vidéo et des réseaux sociaux ont eu un impact considérable sur la réalité démocratique de nos sociétés. À titre d'exemple, deux chercheurs américains du journal de l'Académie des Sciences Américaines ont demandé à trois groupes de 700 Australiens de se renseigner avant de choisir l'un des deux candidats au poste de Premier ministre de leur pays en 2010. Ils disposaient des mêmes sources d'information pour se décider (médias, discussions, Internet) mais les résultats du moteur de recherche Google furent truqués de manière à ce que les pages affichent uniquement des résultats favorables au candidat conservateur (pour le premier groupe), au candidat réformiste (pour le second) ou neutres (pour le troisième). L'étude rend compte que leurs intentions de vote variaient de 37 %, clairement influencées par les données du moteur de recherche. Une influence incomparable à celle des médias traditionnels car, comme le soulignent les scientifiques, **les internautes font désormais beaucoup plus confiance à l'information piochée sur le Net et croient en la neutralité apparente des moteurs de recherche**. Dans le même temps, nos concitoyens se méfient de plus en plus des journalistes, tous médias confondus[150]. Pourtant, quand on recherche une expression telle que « changement climatique » sur Google, on obtient des réponses différentes selon l'endroit où l'on se trouve. Selon Justin Rosenstein, ancien ingénieur chez Facebook et chez Google, dans certaines villes, on vous suggérera même que le réchauffement climatique est un canular[151]. Cela dépend d'où vous faites la demande et des centres d'intérêt que Google vous connaît. Le constat est le même pour Facebook, Instagram ou même You Tube. Tous ces services sont de véritables entonnoirs qui ne cherchent nullement à nous ouvrir au monde mais à répondre à nos goûts afin de maximiser les temps de connexion et la consommation de données. Ce fonctionnement est renforcé par la contribution des influenceurs. Lors d'une soutenance de mémoire de septembre 2021, une étudiante de 5e année a tenu à prouver la pertinence de sa démonstration en s'appuyant simplement sur une vidéo du You Tubeur *Hugo Décrypte*. Je n'ai rien contre ce dernier mais cela donne une idée du phénomène ; les propos et les actions de certains influenceurs sont inquiétants. Nombreux sont ceux qui deviennent de véritables publicités ambulantes au service de grandes entreprises polluantes ou les relais d'idées politiques nauséabondes. En somme, l'emprise des plates-formes numériques nous enferme idéologiquement, nous encourageant à cultiver nos certitudes, à nous autopersuader d'avoir raison face à l'autre, ce qui nous empêche de développer notre capacité à écouter l'autre. Ce type de fonctionnement est évidemment du pain béni pour les fausses informations, celles-ci se diffusant même six fois plus vite que les vraies car elles sont faites pour choquer et indigner, selon l'ancien

---

150 EPSTEIN R., ROBERTSON R., « The search engine manipulation effect and its possible impact on the outcomes of elections », août 2015, PNAS, 10 p.

151 ORLOWSKI Jeff, *Derrière nos écrans de fumées,* Netflix, 2020, 89 minutes.

designer de Google, Tristan Harris[152]. L'on se retrouve donc avec des théories complotistes sur la *terre plate*, sur le caractère purement naturel du changement climatique ou même sur le fait que la Covid-19 n'a rien d'une zoonose puisqu'elle est une invention des gouvernements visant à réduire la population (avant que les vaccins n'endossent ce rôle). Tel le régime totalitaire décrit dans l'œuvre dystopique *1984* de George Orwell, le capitalisme numérique a tout intérêt à encourager la production du mensonge pour augmenter ses profits mais aussi, et surtout, son influence.

Internet, et plus particulièrement les réseaux sociaux, sont devenus en quelques années un support d'expression pour la majeure partie des individus, y compris pour ceux qui n'avaient jusqu'alors ni la possibilité ni les moyens de se faire entendre. Malheureusement, cet idéal est loin d'être atteint. Par sa rapidité d'exécution, le numérique a transformé et intensifié les échanges en supprimant les frontières géographiques et même temporelles. De ce fait, nos habitudes quotidiennes ont été profondément impactées, nous avons acquis un nouvel automatisme : nous nous connectons plusieurs fois par jour. Les différents réseaux sociaux se sont substitués aux sources d'information traditionnelles et plus anciennes (journaux, télévision, radio). Leur fréquentation croissante engendre des répercussions sociales et notamment des phénomènes d'exclusion. Vous n'avez pas Facebook ? Vous n'aurez pas connaissance d'une partie des événements culturels et associatifs de votre ville. Vous n'avez pas de smartphone ? Vous ne pourrez pas utiliser les services de messagerie instantanée comme WhatsApp, exigés par certains employeurs, ni même certains réseaux sociaux comme Instagram. Vous n'êtes pas à

[152] Idem.

l'aise avec Internet, comme 23 % des plus de 18 ans[153] ? Eh bien alors là, il semblerait que vous soyez une cause perdue ! Cette incompétence n'est pas l'apanage des retraités car un jeune de moins de 35 ans sur cinq est tout de même concerné ! *L'illectronisme* est un néologisme qui désigne cette maladie moderne affectant ces personnes étranges qui ne se connectent jamais. Malheureusement pour elles, le gouvernement ne semble pas considérer positivement leur mode de vie. Ainsi, depuis novembre 2017, les démarches liées au permis de conduire ou à l'immatriculation des véhicules doivent impérativement être effectuées en ligne. Il en va de même pour l'inscription à Pôle Emploi, à la Caisse d'allocations familiales (CAF), à la Caisse primaire d'assurance-maladie (CPAM) ou à la caisse de retraite, pour la souscription à Électricité de France (EDF) ou encore pour les demandes de bourse étudiante. Bientôt, la carte Vitale sera remplacée par une application mobile appelée ApCV, tandis que de nombreux bureaux de la CPAM et de bien d'autres administrations disparaissent les uns après les autres[154]. L'économie contemporaine ne semble pas non plus vouloir aller dans le sens de ces énergumènes. Sans connexion, vous aurez de plus en plus de mal à réserver une table dans un restaurant, une nuit à l'hôtel, à acheter une place pour un spectacle ou à vous rendre au cinéma ; il vous sera également plus difficile de prendre rendez-vous chez le médecin. Le processus ne s'arrêtera pas en si bon chemin ; chaque année, des banques, des services publics, des assurances, des collectivités et des grandes entreprises annoncent un nouveau pas vers la dématérialisation et le tout numérique. **À tel point que l'on pourrait commencer à imaginer ce à quoi**

---

[153] < https://societenumerique.gouv.fr/13-millions-de-francais-en-difficulte-avec-le-numerique/ > (consulté le 26 octobre 2021).

[154] Julien BRYGO, « Peut-on encore vivre sans Internet ? », *Le Monde diplomatique*, août 2019, n° 785, p. 18-19.

ressemblerait une société sans contact[155]. D'ailleurs, Emmanuel Macron a en l'occurrence annoncé que tous les services publics seront dématérialisés d'ici à 2022 dans l'objectif de réaliser des économies substantielles de 450 millions d'euros par an. Ces évolutions ne sont rendues possibles que par l'essor des connexions issu de la généralisation du smartphone. Internet est-il la manifestation d'un progrès humain et un réel support aux services publics alors qu'il semble finalement se transformer en outil de séparation et d'exclusion ? L'épisode pandémique commencé en mars 2020 n'a fait qu'accélérer ce processus. Selon la politologue Barbara Stiegler, le gouvernement n'a pas hésité à miser sur le numérique et le QR code pour mener sa politique sanitaire ; tout en délaissant certaines populations, notamment les plus précaires et fragiles, pour lesquelles les menaces d'exclusion des lieux de vie n'ont fait qu'aggraver une situation déjà bien installée[156]. Cette logique est renforcée par l'instauration d'une concurrence de plus en plus évidente entre les citoyens. Nos élites semblent fascinées par un modèle chinois techno sécuritaire où le contrôle facilite grandement toutes formes d'impulsions politiques, y compris celles qui sont désavouées par les populations.

Dès 2018, la Chine a testé un système de notation de ses citoyens dans certaines de ses régions. En fonction de bons et mauvais comportements définis par le gouvernement, les mieux notés se voient attribuer un triple A alors que les moins bien lotis obtiennent un D. Un bon niveau d'appréciation offre la possibilité d'avoir accès à des prêts bancaires ou encore d'être considéré comme prioritaire dans les centres

---

[155] Idem.

[156] <https://reporterre.net/Barbara-Stiegler-Les-autorites-detournent-les-questions-sanitaires-pour-instaurer-une?fbclid=IwAR35w-WDEkPNuesX0boTYO2KRBxjtlqegK_CfBliilKUr6l9ZngK_TF78_g> (consulté le 26 octobre 2021).

hospitaliers par exemple. Les personnes moins bien notées, elles, ne pourront plus postuler à certains emplois, adhérer au Parti Communiste ou même prendre l'avion. Si l'Occident n'en est pas encore là, il n'en reste pas moins que certaines *innovations* sont relativement inquiétantes. Ainsi, une application américaine, *Peeple,* a vu le jour en 2015 ; elle offre la possibilité de noter son coiffeur, son voisin et plus ou moins toutes les personnes de son entourage. Sans aller jusque-là, nous avons pris l'habitude d'évaluer restaurants, livreurs, conseillers bancaires et tant d'autres. En la matière, le cas d'Uber est intéressant car la note que le client donne à son chauffeur a un impact direct sur sa carrière ; si ce dernier ne détient pas une note suffisante, l'entreprise états-unienne peut mettre fin à leur « collaboration »[157]. **Le monde numérique et intelligent semble ne tenir compte que citoyens disciplinés, performants et acceptant d'être en concurrence les uns avec les autres**. Et les enfants ne sont pas en reste ! Même si la compétition est déjà bien à l'œuvre à l'école, Facebook juge bon de créer Instagram Kids. Habile ! Grâce à un lanceur d'alerte, on sait qu'une étude menée par le groupe lui-même a démontré que l'application Instagram a déjà un impact significatif sur le moral des adolescents. Au Royaume-Uni, 13% d'entre eux ont déjà envisagé le suicide, imputant leur mal-être à Instagram, qui aggraverait par ailleurs les complexes physiques d'un tiers des adolescentes. Pas d'inquiétudes, l'entreprise a retardé le lancement d'Instagram Kids mais n'a aucune intention de remettre en cause la pertinence de sa trouvaille. Selon elle : « Le fait est que les enfants sont présents sur Internet, et il nous semble que leur donner accès à des services adaptés à leur âge est préférable à la situation actuelle »[158].

---

[157] COQUAZ Vincent et HALISSAT Ismaël, *La nouvelle guerre des étoiles* Paris, Kero, 2020, 234 p.
[158] Idem.

Chapitre III
Mutations économiques réelles et relatives

Si vous décidez d'innover, vous devez être prêt à être mal compris.
JEFF BEZOS, FONDATEUR D'AMAZON

Avec l'avènement du numérique dans nos sociétés, on assiste donc d'abord à une transformation de l'économie qui s'appuie sur les nouvelles technologies, et ce dans tous les secteurs d'activité. À ce stade, nous avons largement abordé l'influence et le rôle des GAFAM mais assez peu celui des TUNA (Tesla, Uber, Netflix, Airbnb). Ils ont pourtant une influence considérable sur les nouvelles formes de travail, de management et de gestion, sur un processus qu'on appelle déjà depuis quelques années *l'ubérisation*. Celui-ci implique principalement la société Uber qui a su en inspirer plus d'un : d'autres services de *taxis* ou de livraisons mais aussi des écoles privées du supérieur, des services de soutien scolaire, des auto-écoles et j'en passe… Concrètement, il s'agit d'éviter de supporter la charge salariale ; on va donc faire appel à des autoentrepreneurs indépendants. Cela permet bien évidemment de diminuer les coûts, de casser les prix, mais également de se laver les mains des responsabilités incombant normalement à un employeur. Bye, bye la contribution retraite, la mutuelle, le droit au chômage, les arrêts maladie, la prise en charge des frais de transport ou même les tickets-restaurants (oui, c'est le plus important, aucun débat possible) ! Le phénomène repose sur deux éléments essentiels :

- L'existence d'une plateforme numérique, souvent sous la forme d'une application, permettant un accès constant vu que nos téléphones sont quasiment scotchés à nos mains.
- L'instantanéité car l'efficacité est indispensable étant donné la concurrence qu'exercent entre eux les autoentrepreneurs sur un même secteur.

N'embauchant pas de salariés, ces sociétés *ubérisées* sont en fait les clients de ces travailleurs indépendants. Ce mirage du *devenons tous notre propre patron* voudrait nous faire croire que la relation *client/prestataire* fait disparaître le caractère hiérarchique que l'on retrouve entre un employeur et son employé. Pourtant, bien des jeunes se rêvent en entrepreneurs nomades, armés de leurs meilleures idées pour disrupter cette fichue économie mollassonne. Un rêve encouragé par le président Emmanuel Macron : « Il est plus facile de trouver un client qu'un employeur aujourd'hui pour les jeunes ». Amazon souhaite désormais embaucher des livreurs intermittents activables par un simple appel sur leur smartphone et payés à l'heure une vingtaine de dollars. Airbnb, concurrent direct des groupes hôteliers, ne disposait en 2018 que de 25 salariés mais obtenait un chiffre d'affaires annuel de 800 millions de dollars. **Nous nous retrouvons dans un système où quelques salariés assis à leur bureau pilotent à coups d'algorithmes les déplacements d'une flopée d'autoentrepreneurs sans couverture sociale ni fiche de paie**. Heureusement, nous continuons à entretenir l'illusion de récupérer un peu de pouvoir d'achat, la précarisation de la société n'est finalement qu'un bien faible prix à payer ! L'avenir libertarien semble être un rêve éveillé… Pour ceux qui innovent bien sûr.

Innover, oui, mais en restant dans les clous plantés par les concepteurs d'algorithmes ! Ainsi, sur You Tube, les créateurs indépendants se retrouvent bien souvent contraints par la censure qui les oblige à produire du contenu lisse, favorisant le maximum de vues et donc de publicités[159]. Cette nouvelle ère est non seulement celle de la « startup-nation » mais aussi celle du *crowdsourcing*. Celui-ci consiste à utiliser les connaissances, les biens ou les services d'une masse d'utilisateurs via des plateformes ou des applications. Ainsi, en 2018, Starbucks montra son implication environnementale en lançant un grand concours d'innovations visant à trouver des solutions permettant à la marque d'éviter de jeter 600 milliards de gobelets par an[160]. Une formidable initiative qui évita d'investir des millions en recherche & développement ! La généralisation du numérique génère justement bien des déchets. Non seulement les appareils informatiques que nous avons déjà évoqués mais également d'innombrables plastiques, papiers et cartons.

À l'aube du XXIe siècle, il était de bon ton de prétendre qu'Internet et l'informatique allaient faire disparaître la consommation de papier (spoiler : ça a foiré). Le site lepapier.fr, nourri par les industriels du papier eux-mêmes, nous renseigne à ce sujet. Ceux-ci précisent d'ailleurs : « Certains estiment que le développement des nouvelles technologies de l'information et de la communication va entraîner la disparition du papier. Au contraire : l'apparition de nouvelles technologies a créé de nouveaux usages du papier. Le développement des papiers intelligents, par exemple, alliant l'électronique au papier, est un axe de recherche important [...] Un autre exemple qui a été mis au point : un papier peint isolant des ondes téléphoniques et Wifi. Ce papier peint peut être très utile pour protéger un espace public (hôpital, salle de spectacle...) »[161]. Le papier intelligent ? Allons-nous encore

---

[159] Problématique très bien exprimée par des créateurs comme Nota Bene ou Joueur du Grenier.

[160] BERLIGEN Flore, *Recyclage : le grand enfumage*, *op. cit.* p. 83.

[161] Idem.

créer un nouveau besoin insoupçonné ? La croissance sera à n'en pas douter éternellement reconnaissante à l'industrie numérique ! Ceci étant dit, il est vrai qu'après avoir atteint un pic dans les années 2000, la consommation de papier a légèrement diminué. Néanmoins, elle repart à la hausse à cause de l'incroyable progression du e-commerce, de la vente à emporter et de la livraison à domicile. C'est ainsi que dans la Métropole de Lyon, les années 2020 et 2021 ont vu les déchets ménagers de papiers, cartons, emballages, etc., progresser de 20 %. C'est inquiétant car malgré la fin de la période des confinements, les pratiques ne semblent pas tendre vers un retour à la normale.

Au-delà de la problématique des déchets, la vente à distance fait drastiquement progresser la demande en transports de marchandises. Selon la FEVAD (Fédération du e-commerce et de la vente à distance), l'e-commerce pèse plus de 100 milliards d'euros en 2020, chiffre multiplié par trois depuis 2010. Il représente 9,8 % du commerce de détail, mais toujours moins de 2 % du commerce alimentaire, hors drive. Chaque e-acheteur passe en moyenne 3,5 commandes par mois et dépense près de 2 600 € par an en ligne en produits et services[162]. On pourrait estimer que le numérique réduira le transport des personnes. Ce n'est rien de plus qu'un mirage supplémentaire ! En vérité, rien de nouveau sous le soleil : chaque invention en rapport avec les télécommunications, même le téléphone de Graham Bell, nous annonçait la fin des transports. Plus besoin de se déplacer si l'on peut communiquer à distance ! Pourtant, le numérique ne fait pas diminuer le volume des déplacements et, dans le pire des cas, il le fait même progresser. Cela pour 4 raisons imbriquées[163] :

---

[162] <https://www.fevad.com/chiffres-cles-du-e-commerce-en-2020/ > (consulté le 26 octobre 2021).

[163] MOKHTARIAN P.L., « Telecommunications and Travel. The Case for Complementarity », *Journal of Industrial Ecology*, vol. 6, n° 2, 2003, p. 43-57.

- *L'effet « neutre » :* dans ce cas présent, l'outil numérique ne réduit pas le nombre de déplacements puisqu'il n'y en aurait pas eu quel que soit le mode de communication. Par exemple, il peut s'agir d'un échange en visioconférence avec un ami parti en voyage ; vous auriez simplement discuté différemment sans Internet (téléphone, courrier).
- *La « méta motivation » :* le transport implique une notion de plaisir, primordiale dans les déplacements touristiques ou les congrès professionnels organisés dans des lieux paradisiaques. La communication numérique ne viendra pas à bout de ce type de mobilité !
- *La « complémentarité » :* l'outil numérique facilite grandement l'organisation des réunions. On a donc tendance à en faire davantage ; à distance, mais aussi en présentiel dès que cela est envisageable. Dans un cadre privé, la technologie va même souvent provoquer le déplacement. C'est le cas dans cette conversation sur WhatsApp : « Hey, comment vas-tu ? Je suis à une super soirée avec Jean-Louis Borloo. Tu ne vas pas louper ça quand même ? ». Seul un être humain doté d'une volonté hors du commun pourrait refuser pareille proposition.
- *La « richesse des médias » :* l'essentiel de la communication est non verbal. Les modalités d'échanges dans le cadre d'une rencontre sont bien plus diverses que dans le cas d'une visioconférence : expressions du visage, gestes, partage d'une boisson, activité de groupe, etc. Autant de façons de se rencontrer, de s'enrichir mutuellement, de se motiver, de se rendre sympathique et empathique. Tout cela facilite grandement notre capacité à diffuser des idées, des projets, des valeurs.

Il faut voir chacun de ces quatre aspects dans leur interdépendance. À titre d'exemple, si l'effet de complémentarité engendre un plus grand nombre de réunions, l'effet de *richesse* des médias implique que la grande majorité de celles-ci sera organisée en présentiel. La communication numérique à distance demeurera l'exception et non la règle. Il nous reste à considérer l'intérêt écologique du télétravail. Concrètement, tout dépend du mode de déplacement, de la distance parcourue et du type d'activité.

L'empreinte carbone d'un citadin se rendant à son bureau à vélo sera moindre que celle d'un salarié en télétravail. On peut aisément considérer que le télétravail n'est réellement intéressant que lorsqu'il se substitue à un déplacement en voiture de plus de 20 kilomètres. Il peut même devenir pernicieux en motivant une installation dans une zone isolée nécessitant la possession d'une voiture individuelle (loin de moi l'idée de défendre une vie purement urbaine, je vous rassure). Rappelons, pour conclure, le fait que **sans smartphone : il n'y aurait ni connexion instantanée, ni application Uber, ni de progression constante du nombre d'heures de connexions sur Internet ni même de tentations omniprésentes de consommer en ligne.**

Partie IV
L'outil dont il faut apprendre à se passer

Chapitre I
Démissionnons du smartphone !

Je ne sais pas ce que vous voulez dire, je suis libre. Libre de me payer du bon temps, le meilleur qui soit. Tout le monde est heureux à présent.

LESINA, DANS LE MEILLEUR DES MONDES D'ALDOUS HUXLEY

Durant les trois premières parties de cet ouvrage, **j'ai cherché à remettre régulièrement en perspective la responsabilité particulière du smartphone** mais il me semble opportun de tirer quelques enseignements des chapitres précédents. Résumons donc, le smartphone :

- doit souvent être remplacé et peu de ses pièces peuvent véritablement être réparées du fait d'une durée de vie limitée et d'une taille réduite rendant difficile la remise en état et le recyclage.
- Nous incite à une connexion permanente, à une consommation abusive de contenus et donc à une progression constante des émissions de GES.
- Provoque et amplifie des impacts sociaux, cognitifs et politiques dramatiques.
- Nous dépossède de notre capacité à réagir par l'addiction à son utilisation.
- Est responsable de la majorité de la collecte de données personnelles.

- Est à l'avant-garde de nombreux objets *intelligents* qui vont multiplier les conséquences déjà évoquées.
- Déforme le projet de transition écologique en proposant une voie technologique, *intelligente*, numérique et productiviste.

À ce stade, certaines réflexions vous empêchent peut-être d'être totalement convaincus par mon propos. Plutôt que de me vexer, je vais tenter d'anticiper vos questionnements en les couchant sur le papier. J'en dénombre trois qui me semblent envisageables :

1. Si j'ai un smartphone et qu'il remplace tous les autres équipements, ça le fait, non ? Chère voix dans ma tête, en ne conservant qu'un smartphone, tu réduis effectivement ton impact écologique lié à la fabrication des équipements mais aucunement celui découlant de ton usage d'Internet. Pire encore, les impacts cognitifs, sociaux, politiques restent identiques et la collecte de tes données poursuit son cours. Est-il réellement plus facile pour toi de te passer de smartphone que d'ordinateur ? Travailles-tu réellement avec un smartphone ? Avec ton ordinateur, tu peux bien plus aisément installer un système d'exploitation alternatif à Windows et mieux maîtriser l'utilisation que tu en fais.

2. Il faut quand même admettre que c'est pratique, mon smartphone m'a sorti de pas mal de problèmes. Oui, le téléphone intelligent est clairement un outil pratique dans bien des circonstances. Si ce n'était pas le cas, ce livre et les problèmes qu'il soulève n'existeraient pas. Cela n'enlève rien à tout ce qui a été énoncé jusqu'ici. Pire encore, comment feras-tu si un jour où il ne te sera plus possible de bénéficier des services de cette précieuse technologie ? Tu te seras tellement habitué à sa compagnie que t'en passer pour compter, te repérer, communiquer, jouer, te semblera être une épreuve insurmontable.

3. C'est bien beau tout ça, mais c'est une bataille perdue d'avance ! Il y a à peine 10 ans, le choix de devenir végétarien passait pour une décision extrême. La chose ne dérange plus grand monde aujourd'hui. Évitons de penser que l'avenir est prévisible, il est au contraire souvent étonnant et il n'est pas si rare que la surprise soit agréable. Qu'avons-nous à perdre ? Penses-tu que nous serions plus malheureux sans l'envahissante compagnie de notre smartphone ?

Nombreux sont ceux qui font évoluer leur mode de vie pour vivre en accord avec leurs valeurs et minimiser leurs éventuelles incohérences. Diminuer sa consommation de viande, boycotter l'huile de palme, acheter des produits biologiques, utiliser les modes doux pour se déplacer… Toutes ces décisions visant à réduire son impact sociétal vont généralement de pair avec un gain en qualité de vie. Pourtant, à l'aube des années 2020, rares sont ceux qui remettent en question la possession de leur smartphone. Les constats que nous venons d'effectuer démontrent pourtant le caractère central de cet outil dans l'aggravation de la situation existante et **son pouvoir de déviation écologique. En effet, le smartphone est probablement le seul objet capable de modifier le sens initial de la transition écologique**. Initialement pensée au sens d'écologie politique, celle-ci était censée remettre en question la société de consommation et le productivisme, et promouvoir le bien-être comme objectif commun. Or, une bonne partie des élites défendent désormais la vision d'une transition numérique et intelligente telle que nous l'avons précédemment définie. En d'autres termes, le smartphone octroie au libertarisme les moyens nécessaires à l'édification d'un futur prévisible via le désamorçage de la critique écologiste du capitalisme. Cette déviation est double car c'est également celle de notre rapport à la nature, caractérisée par un détachement croissant vis-à-vis de cette dernière. Ce phénomène est parfaitement illustré par le #Nature que l'on peut notamment retrouver sur Instagram. En partageant massivement des clichés de lieux naturels préservés et idylliques, on laisse croire que la société numérique nous rapproche de la nature alors qu'elle incite chaque utilisateur à se rendre sur place. Certains paysages deviennent ainsi des preuves identitaires permettant de prouver à la société numérique que « oui, moi je suis proche de la nature ». Cela tout en participant à la destruction de ces mêmes paysages et de leurs écosystèmes du fait d'une trop forte fréquentation. Le site de Joffre Lakes en Colombie Britannique, au Canada, est probablement l'exemple le plus emblématique de ce phénomène[164]. Politiquement, le gouvernement français a déjà fait du numérique le pivot de son projet de société. Le président Emmanuel Macron s'est ardemment battu pour imposer les antennes 5G dans toutes les grandes villes de France et tout particulièrement dans celles qui s'y opposaient (telles que Lyon, Poitiers, Strasbourg ou encore Villeurbanne). Le développement numérique est en effet une formidable nouvelle opportunité de croissance. La gestion de la pandémie de Covid-19 fut l'occasion de miser sur le numérique comme élément central de la solution gouvernementale, le smartphone devenant presque indispensable pour connaître le résultat de son test antigénique. En outre, l'application « TousAntiCovid » a mis en lumière l'aspiration de nos dirigeants à faire de la surveillance sanitaire une nouvelle norme pour l'avenir, cela dans la droite lignée de la logique libertarienne. La Commission Nationale de l'Informatique et des Libertés (CNIL) s'est pourtant positionnée en faveur de l'application en l'estimant conforme au Règlement Général sur la Protection des Données (RGPD). Certes, la France n'a pas fait le choix de passer par les géants du numérique pour le développement de la 5G. Néanmoins, elle participe grandement à rendre les populations toujours plus dépendantes aux outils technologiques et les habitue à considérer plus que jamais leur smartphone comme incontournable en toutes circonstances. En revanche, il semble inimaginable d'empêcher les pollutions

[164] N'hésitez pas à consulter les images, c'est navrant.

à la source en modifiant les réglementations au nom de la santé publique. Effectivement, le gouvernement ne semble avoir prévu aucune autre révolution en matière sanitaire : pas de véritables luttes contre les pesticides, les perturbateurs endocriniens, pas non plus de nouveaux investissements pour l'hôpital. Pourtant, il ne fait aucun doute que nous en aurions véritablement besoin : en 1980, la France disposait de 11 lits d'hôpitaux pour 100 habitants contre seulement 6 aujourd'hui. De même, 8 milliards d'économies ont été réalisées dans ce secteur depuis 2010 et l'hôpital public s'apparente de plus en plus à une entreprise parmi d'autres devant appliquer des principes de rentabilité. Néanmoins, dans le même temps, la France reste considérée comme un État-providence au troisième rang mondial pour les dépenses de santé (calculées en pourcentage du PIB). Un classement trompeur puisqu'elle descend à la vingt-deuxième place lorsqu'on rapporte ce chiffre au nombre d'habitants[165]. Elle fait également partie des 5 pays de l'Organisation de Coopération et de Développement Économique (l'OCDE, qui regroupe essentiellement les pays développés) accordant les plus faibles salaires aux infirmiers.

Une nouvelle étape fut franchie en juillet 2021 avec l'instauration du passe sanitaire. Difficile de vivre une journée cet été-là sans entendre ou vivre une dispute autour de la question de la vaccination contre la Covid-19. Le vaccin est-il dangereux ? Est-il efficace ? Le passe sanitaire est-il légitime ? Et si le débat de fond n'était pas là ? La majorité parlementaire et le gouvernement (tout comme l'OMC) ont mis de côté l'idée d'une levée des brevets sur les vaccins. Il ne fait pourtant aucun doute que l'adoption d'une telle résolution par l'Assemblée aurait eu un impact considérable sur la capacité du pays à

---

[165] LAMBERT Renaud, RIMBERT Pierre, « Jusqu'à la prochaine fin du monde », *Le Monde diplomatique*, Avril 2020, n°793, p. 20-21.

vacciner massivement et sur le coût de cette politique. Au niveau mondial, se positionner pour la levée des brevets, c'est se donner les meilleurs moyens de lutter contre la multitude de variants. Prétendre le contraire serait admettre une fois encore que la loi du marché et la non-intervention de l'État (règles qui régissent notre économie depuis l'avènement du néolibéralisme dans les années 80) priment sur le droit et l'accès à la santé. Dans ce contexte, le passe sanitaire revêt un caractère autoritaire, au service d'un système dans lequel la santé demeure un marché économique juteux pour les groupes pharmaceutiques. À cette mesure, nous aurions pu préférer un véritable accompagnement des citoyennes et citoyens grâce à une augmentation massive du budget de la santé (recrutements, formations, multiplication des lieux de santé de proximité, nombre de lits en réanimation). En somme, quelque chose qui aurait pu rassembler plutôt qu'opposer. Car oui, plutôt que de favoriser la prise en charge des populations à risque, le gouvernement a opté pour la menace. Celle-ci n'a été que partiellement efficace car bien des publics (toujours les plus fragiles) ne voient guère d'intérêt à la vaccination compte tenu du fait qu'ils ne vont ni au restaurant ni dans les lieux culturels. Plus grave encore est la centralisation du dispositif de santé sur le smartphone, un non-sens écologique et social. Ce gouvernement, comme les précédents, est coupable d'avoir adopté des politiques d'austérité qui ont affaibli l'hôpital et nous ont plongés dans une situation précaire. Biberonnés au néolibéralisme, ses membres sont incapables de concevoir leur responsabilité et préfèrent montrer du doigt ceux qui refusent de suivre leurs directives, censées relever du bon sens le plus élémentaire. On peut douter de l'efficacité du passe sanitaire dans la protection des plus fragiles, mais les enjeux de ce dispositif dépassent largement la seule question de son succès. Ceux-ci sont explicités dès 2018 dans le Rapport Villani sur l'intelligence artificielle, rapport confié à une mission parlementaire par le Premier ministre Édouard Philippe en 2017 :

« Face à la concurrence des géants internationaux, il faut créer une politique économique articulée autour de la donnée. Le rôle de l'État est ici la mise en place de moyens de collecte de données de qualité afin de susciter la création de start-up et l'émergence de géants dans ce domaine. Tout particulièrement dans le secteur prioritaire de la santé. Ainsi, l'un des rôles de la puissance publique à l'heure de l'intelligence artificielle est d'orchestrer le "monitoring" de l'ensemble du système sanitaire, c'est-à-dire d'identifier les données susceptibles d'être utilisées et d'organiser les modalités concrètes de leur collecte et de leur exploitation à des fins de santé »[166]. Le passe sanitaire pouvait donc parfaitement se prêter à l'atteinte des objectifs définis ici. Mais en misant sur le tout technologique, nous avons clairement changé notre conception de la santé et sommes bien loin de l'État-providence qui propose des moyens humains conséquents et adéquats. C'est grâce à cette nouvelle logique et à la contrainte vaccinale guidée par le marché et les firmes pharmaceutiques, que le site Doctolib a pu collecter plus de données de santé que jamais auparavant sur les professionnels du secteur et sur leurs patients, ce qui lui a permis d'obtenir un *Big Brother Award* [167]. Il peut donc faire fortune et s'infiltrer dans un marché déjà estimé entre 16 et 22 milliards d'euros. Dans le même temps, un rapport de la Délégation sénatoriale de la prospective a étudié et défend les solutions utilisées en Chine, en Corée du Sud, à Taïwan et à Singapour pour limiter la diffusion du virus. L'application du passe sanitaire à vie, les applis de *contact tracing*, de géolocalisation et l'usage des compteurs communicants pour contrôler les personnes en quarantaine, les caméras à reconnaissance faciale pour

166 VILLANI Cédric, *Donner un sens à l'Intelligence Artificielle, pour une stratégie nationale et européenne*, Rapport, 2018, p. 200.

167 <https://bigbrotherawards.de/en/2021/health-doctolib > (consulté le 26 octobre 2021).

surveiller les interactions dans l'espace public, sont ainsi autant de solutions plébiscitées. On envisage même de systématiser l'usage de ces technologies en cas de nouvelle crise en dénonçant notamment la « sensibilité de la population à la collecte et au croisement de données par les autorités », et des « *principes* qui apparaissent aujourd'hui coûteux et mal placés [...] Il serait irresponsable de ne pas se saisir de telles possibilités. »[168]. En somme, les aides économiques et le plan de relance ne doivent pas nous tromper. Les décisions prises par le gouvernement durant l'épisode pandémique de 2020-2021 n'ont aucunement remis en question la logique néolibérale de l'État. Au contraire, les méthodes utilisées lui ont permis d'aller plus loin. Les GAFAM, comme les gouvernements, utilisent désormais le smartphone comme un vecteur de changement social qui leur est profitable. Ce qui nous amène à nous poser une question somme toute logique : **pouvons-nous vraiment changer les choses en profondeur si nous accordons aux défenseurs du système que nous critiquons le bénéfice de plusieurs coups d'avance grâce à l'utilisation quotidienne de notre smartphone ?** À ce stade, vous vous doutez probablement de ma réponse.

---

168 GUILLOTIN Véronique, LAVARDE Christine et M. SAVARY René-Paul, *Rapport d'information sur les crises sanitaires et outils numériques : répondre avec efficacité pour retrouver nos libertés,* 184 p.

Chapitre II
Incontournables bonnes pratiques

> *Ce monde à changer, il faut le rêver ensemble.*
>
> ASSOCIATION CONSCIENCE ET IMPACT ECOLOGIQUE

Sachez que j'ai parfaitement conscience des limites des solutions individuelles aux enjeux écologiques. Néanmoins et compte tenu de ce que nous venons de rappeler dans le premier chapitre de cette partie, il va sans dire que nos actions contribuent à dessiner le monde de demain. Je prends le risque d'être brutal. Posséder **un smartphone, c'est accepter la collecte massive de nos données personnelles par les GAFAM tout en assumant l'utilisation d'un outil qui ne pourra jamais s'inscrire dans un modèle résilient ;** ne serait-ce que parce que nous ne serons jamais en mesure de recycler ses composants correctement et à grande échelle. Ceci étant dit, il est évident qu'en appeler à la raison n'est pas suffisant et que mon objectif n'est aucunement de culpabiliser qui que ce soit. Je suis loin de prétendre incarner la perfection du mode de vie écolo ! Je pense simplement qu'il faut avoir conscience de cette réalité et tout faire pour être le plus cohérent possible. Tout d'abord, il existe une multitude de solutions visant à diminuer son impact écologique et social sur Internet. Certaines sont essentielles, d'autres relativement symboliques.

	Actions faiblement Impactantes	**Actions fortement Impactantes** [169]
SUR LES CONTENUS MULTIMEDIAS		- Préférer les sites de streaming audio aux vidéos You Tube. - Eviter au maximum le streaming en général (y compris les sites pornographiques ;)). - Acheter des CD et des DVD (d'occasion dans l'idéal).[170]
SUR VOTRE BOITE MAIL	- Prendre l'habitude de supprimer régulièrement ses anciens mails. Vous pouvez utiliser l'outil CleanFox pour vous épauler. - Créer sa boîte mail auprès d'ecomail (payante mais peu onéreuse !).	- Pour le transfert des pièces jointes les plus lourdes, utiliser un service tel que Wetransfer, Grosfichiers ou Smash, afin d'éviter la création et/ou l'entretien d'un cloud.
SUR LES RESEAUX SOCIAUX	- Limiter l'envoi de photos, y compris sur Messenger. Tendons vers le raisonnable !	- Eviter de mettre en ligne des vidéos si vous ne les jugez pas vraiment utiles. - Avez-vous besoin de tous ces réseaux sociaux en même temps ? En êtes-vous certains ?

[169] Compte tenu des émissions de GES et des données collectées.

[170] On me rétorque souvent qu'on ne peut plus écouter de CD dans la voiture. Ce n'est pas complétement vrai, vous pouvez les extraire sur votre PC et migrer le contenu vers une clé USB. C'est très rapide, promis !

SUR LES MOTEURS DE RECHERCHE	- Limiter le nombre de recherches en utilisant les favoris ou votre historique de navigation (il est possible de retenir l'adresse You Tube.com ou floydnovak.carrd.co facilement, par exemple). - Eviter de lancer une recherche pour vérifier la moindre information de peu d'intérêt.	- Préférer Ecosia à Google. Celui-ci compense le CO_2 émis[171] et protège votre vie personnelle en cryptant les données.
SUR LES OUTILS PROFESSIONNELS		- Utiliser les services Framasoft et autres logiciels libres plutôt que les outils de Google (Framapad plutôt que Googledoc, par exemple).
SUR LES ACHATS EN LIGNE	- De manière générale, éviter les achats en ligne autant que faire se peut.	- Acheter vos livres en librairie plutôt que chez Amazon. N'oublions pas que n'importe quel ouvrage peut être commandé chez le libraire, il faut juste accepter de ne pas tout obtenir instantanément (vous pouvez utiliser le site « Place des Libraires » pour commander ou vérifier le stock de votre libraire).

[171] Loin de moi l'idée de défendre la compensation ou de considérer que le modèle Ecosia nous préserve de toutes les conséquences. Admettons simplement qu'il s'agit de l'offre la plus acceptable moralement.

SUR L'UBERISATION	- Eviter les caisses automatiques en supermarché, même si c'est plus long parfois. ☺	- Oublier Uber, UberEats, Deliveroo et tous les autres services de ce type (mais non je ne suis pas radical, voyons !).
SUR LE SOFTWARE	- Préférer Mozilla Firefox, bien plus léger, moins consommateur d'énergie et plus respectueux de votre vie privée.	- Abandonner Windows pour Linux qui garantira une durée de vie plus longue à vos appareils.

Il n'est pas envisageable de mettre de côté les aspects purement matériels. Ainsi, l'entretien de nos appareils occupe une place de choix dans les solutions à privilégier. Cela implique bien entendu une protection physique immédiate (housse, refus de prêter une tablette à son neveu de 2 ans, etc.) mais aussi un entretien régulier de votre ordinateur par des logiciels spécialisés[172]. Il faut également veiller à ne pas surcharger son appareil de logiciels, d'applications et de données superflues. D'ailleurs, afin d'éviter le recours au cloud, je vous invite fortement à stocker vos données sur un disque dur externe. Si vous devez impérativement acquérir un nouvel appareil, l'achat d'occasion est évidemment préférable dès que cela est possible[173]. En milieu professionnel, il est bien souvent plus difficile de mettre en œuvre certaines des solutions exposées ici. Il se trouve que des structures spécialisées proposent des accompagnements et des aides dédiés : l'association CIE mais aussi Ecoinfo, Négaoctet, l'alliance Green It et l'Institut du Numérique Responsable. Vous pouvez également suivre

[172] Ccleaner, Adwcleaner par exemple. Un formatage de l'appareil tous les deux ans environ semble être aussi une bonne idée.
[173] Dans le cas où un achat neuf s'impose, je vous invite à consulter le site produitsdurables.fr

le MOOC « Comprendre la crise écologique pour réinventer l'entreprise ». The Shift Project définit la sobriété numérique comme telle : « Acheter les équipements les moins puissants possible, les changer le moins souvent possible, et réduire les usages énergivores superflus »[174]. S'il demeure un équipement que l'on remplace bien trop souvent, qui est truffé d'obsolescences programmées et dont l'usage est finalement superflu, c'est bel et bien le smartphone. Aussi, et vous l'aurez compris, l'action la plus essentielle et la plus utile à mon sens est tout simplement son abandon. Or, cela est parfois plus facile à dire qu'à faire ; **l'association Conscience et Impact Ecologique (CIE) propose donc une campagne intitulée « Démissionne de ton smartphone »**[175], lors de laquelle chaque participant s'engage à atteindre le plus de paliers possible. Ceux-ci sont au nombre de 10, les voici :

<u>1 – Reconnecte-toi au présent et aux autres : balle de chauffe !</u>

Arrête de manger/boire un verre avec ton portable en main ; les vraies personnes, c'est vachement mieux ! Pense aussi à éteindre ta 3G/4G/wifi quand tu ne l'utilises pas, ça économise de la batterie, et c'est meilleur pour ta santé et pour la planète.

<u>2 – Fais autrement… et tout simplement.</u>

Désactive les notifications pour les messages et reviens aux simples SMS plutôt qu'aux diverses applications de communication (WhatsApp, Messenger, Snapchat, TikTok…) qui demandent l'utilisation d'Internet et qui éparpillent.

---

[174] FERREBOEUF Hugues, « Lean ICT – Pour une sobriété numérique », *The Shift Project*, Octobre 2018, 88 p.

[175] Retrouvez-là sur <association-cie.fr.>

3 – Fais le tri !

Enlève toutes les applications qui ne te servent pas quotidiennement mais qui t'attirent sans cesse vers ton smartphone (Shazam, Cdiscount, Amazon, Météo France, Jeux…).

4 – Autorise-toi une déconnexion des réseaux.

Attaque-toi maintenant aux applications que tu utilises quotidiennement mais dont l'utilisation est chronophage et te prend de l'espace psychique : retire Facebook, Messenger, Instagram, Snapchat, TikTok de ton téléphone (si, si, c'est possible !).

5 – Arrête de zapper, commence à rêver !

Munis-toi d'un super livre, médite, reconnecte-toi à ton corps et à ton environnement, laisse ton esprit divaguer, prends le temps de te poser, ça fait du bien !

6 – Revalorise la photographie.

Prends moins de photos et désencombre ainsi ton téléphone de celles que tu ne regardes presque jamais.
Fais la transition vers un bon appareil photo qui te permettra de gagner en qualité et fera renaître le plaisir de prendre le temps de prendre de belles photographies.

7 – Réapprends à faire sans "l'intelligence de l'objet".

Prends l'habitude de regarder ton trajet en amont pour être moins dépendant.e de Maps (fie-toi aux noms de rues, aux panneaux, etc.). Et si tu penses n'avoir aucun sens de l'orientation, pas d'inquiétude, ce n'est pas vrai, ça se travaille.

8- Patience… Apprivoise le suspense et accepte de ne pas avoir l'information tout de suite.

Diffère tes recherches Internet : tu peux te noter des mémos et rechercher l'information une fois rentrée chez toi, ou en demandant autour de toi. Prends l'habitude d'avoir un carnet de notes et un stylo avec toi.

9 – Passe au MP3 !

Télécharge tes musiques sur une plateforme (Deezer, Spotify…) pour éviter la consommation de vidéos gourmandes en énergie. Achète-toi un MP3 pour éviter l'écoute streaming à fort impact carbone.

10 – Saute le pas !

Teste des téléphones "non smart" et découvre une mine d'or ! Tu peux faire plein de choses avec : mémo, calendrier, SMS au T9 du tonnerre, alarme, calculatrice, radio, décapsuleur de bières.
Quand ton smartphone est cassé, félicite-le pour sa belle vie, offre-lui une cérémonie à la déchetterie, mais n'en rachète pas ! Pavane avec ton portable frigo, tu n'as jamais été aussi classe !

Je vous invite évidemment à vous en inspirer et à adopter les principes qui vous conviennent. À ce stade, certains estimeront peut-être qu'un bon compromis serait d'acheter un FairPhone. Je ne peux guère leur reprocher mais je tiens tout de même à vous avertir. S'il est effectivement bien plus éthique que n'importe quel autre smartphone, il ne permet ni de résoudre le défi de la finitude des ressources naturelles ni de faire des impacts sociaux, cognitifs ou encore politiques de l'histoire ancienne.

Il nous reste un sujet, moins concret mais tout aussi essentiel, à aborder dans ce chapitre. Pourquoi cela semble-t-il si complexe de mettre de côté son smartphone et de revenir à un bon vieux portable à touches ? C'est vrai, c'est un outil pratique que certains essaient de rendre indispensable au quotidien, nous y sommes habitués pour bien des usages et il est par conséquent difficile de s'organiser sans lui. Cependant, cette réponse n'est pas suffisante. Nous l'avons évoqué précédemment : le smartphone est probablement à ce jour l'objet le plus intimement lié à l'ensemble des *moteurs* du système dopaminergique. Autrement dit, **nous avons le sentiment qu'il est devenu indispensable**, mais ce n'est qu'une impression nourrie par une hormone. Tous ceux qui font le choix d'abandonner leur smartphone passent par les mêmes étapes :

- une souffrance et un sentiment de manque durant les premiers jours, voire les premières semaines.
- Un regard plus attentif sur ce qui se passe autour de soi.
- Et finalement, un désintérêt pour son ancien téléphone, ainsi qu'une sensation moins oppressante qu'à l'accoutumée.

Ces expériences sont évidemment vécues par des volontaires et un travail personnel doit être accompli au préalable. Vous demeurez peut-être sceptiques à ce stade. Je l'étais tout autant il y a quelques années. Désormais, je constate que les étudiants souhaitant se débarrasser de leur smartphone ne sont pas si rares. Or, il s'agit d'un phénomène extrêmement nouveau et, selon moi, particulièrement encourageant. Plus important encore, chaque année, plusieurs de mes étudiants ou des personnes qui assistent à mes conférences abandonnent l'usage du smartphone. À qui le tour ?

Chapitre III
Pour un numérique low-tech et résilient

Conviviale est la société où l'Homme contrôle l'outil.
IVAN ILLICH

L'objectif premier de cet ouvrage est bien de mettre en lumière l'impossibilité pour un appareil comme le smartphone de nous rendre heureux ou *écolo*. Néanmoins, il a aussi pour but de remettre en cause l'évolution d'Internet ces 20 dernières années. Celui-ci s'il fut conçu pour permettre le partage, diffuser du savoir et faciliter la communication, il est vite devenu contre-productif au sens d'Ivan Illich. Pour ce dernier, lorsqu'elles atteignent un seuil critique (et sont en situation de monopole), les grands objectifs de nos sociétés modernes industrielles s'érigent parfois sans le savoir en obstacles à leur propre fonctionnement : la médecine nuit à la santé (tuant la maladie parfois au détriment de la santé du patient) ; le transport et la vitesse font perdre du temps ; l'école abêtit ; **les communications deviennent si denses et si envahissantes que plus personne n'écoute ou ne se fait entendre**. Il avait d'ailleurs réfléchi à ce que pourrait être une société sans écoles, ou plus précisément, sans institutions scolaires. Plutôt qu'une scolarité qui occupe les élèves de leur naissance au baccalauréat, Illich propose une formation à la carte tout au long de la vie. Pour cela, il définit quatre réseaux grâce auxquels « celui qui veut s'éduquer pourra bénéficier des ressources nécessaires » :

- La mise à disposition des objets éducatifs : labos, bibliothèques, musées, etc.

- Un service d'échange de connaissances.
- Un réseau de communication destiné à faciliter les rencontres pour trouver des compagnons partageant les mêmes valeurs et objectifs.
- Un référencement des éducateurs permettant à tout le monde d'enseigner[176].

Ivan Illich avait donc en tête un outil similaire à Internet dès le début des années 1970. Mais il s'agissait pour lui d'un réseau basé sur l'échange de connaissances et non sur le renforcement de la société marchande. Nous pourrions donc conclure que le problème n'est pas Internet mais bien la manière dont on l'utilise. Or, ce serait encore une fois faire reposer toute la responsabilité sur l'individu-citoyen-consommateur et ce serait inacceptable. C'est d'ailleurs de cette manière que nous répondons à une bonne partie des problèmes écologiques depuis plus de 30 ans et je ne crois pas que le résultat soit à la hauteur. De plus, une part toujours plus importante des connexions se fait en réalité exclusivement entre machines et sans interventions humaines (avec les spambots, le Google Home ou encore la spéculation financière)[177] ! Le défi serait donc avant tout de rendre l'outil Internet convivial ; c'est une idée que nous avons déjà abordée précédemment mais qui sera l'axe central de notre réflexion dans ce chapitre final. Pour être convivial, un outil ne doit pas créer d'inégalités, il doit renforcer l'autonomie de chacun et accroître notre champ d'action sur le réel[178]. À mon sens, le smartphone ne nous permet pas d'être autonomes, de choisir le moment où l'on se connecte, la pression sociale et notre striatum exerçant trop d'influences. L'argument selon lequel le smartphone est, en somme, un mal pour un bien, ne peut être recevable ici. Le constat est identique pour un Internet qui est avant tout

---

176 ILLICH Ivan, *Une société sans écoles*, Paris, Points, 2nd édition, 2015, 119 p.
177 *Cisco Annual Internet Report (2018-2023) White Paper*, San José (Etats-Unis)
178 ILLICH Ivan, *La Convivialité*, *op. cit.*

un média marchand et qui devient l'incarnation d'une nouvelle forme de capitalisme. Pourtant, repenser l'outil n'est peut-être pas irréalisable. André Gorz estimait même que les outils numériques (logiciels libres, imprimantes 3D, etc.) pourraient devenir des leviers essentiels d'une société libérée du salariat où les producteurs associés maîtriseraient les outils de production et donc leur consommation. Les individus pourraient alors tendre vers une société centrée sur d'autres indicateurs que le PIB, vers un monde au sein duquel ils seraient capables d'autodétermination[179]. Pour parvenir à de tels résultats, il est impératif de suivre une double trajectoire :

- Remettre en question un certain nombre de *besoins* qui ne seront jamais soutenables. Pour l'écologie politique, le défi numérique doit être lu avec la même grille que celle de la mobilité. Tout comme nous devons réduire le nombre de voitures et leur vitesse, il nous faut diminuer le débit et les volumes des connexions. Cela permettra de lutter contre la dépendance tout en assurant l'avenir de ces technologies au profit de l'intérêt général.
- Ce ralentissement sera possible si l'on mise sur le numérique le plus *low-tech* possible, à savoir sur des technologies plus basiques et moins performantes mais bien plus économes en ressources, facilement recyclables et maîtrisables localement. Des réseaux locaux permettant d'envoyer des emails et d'afficher des pages web avec peu ou pas d'images garantiront un usage raisonnable des outils numériques. Le site actuel de Wikipédia est un bon exemple de ce vers quoi nous devons tendre. Son utilité ne fait aucun doute ; il ne pèse pourtant que 9 Go, soit le poids de deux films sur Netflix[180].

Peut-on vivre aussi bien voire mieux sans l'ultra connexion ? C'est peut-être finalement la seule question qui importe. À la naissance, le

---

[179] GORZ André, *Leur écologie et la nôtre*, Paris, Le Seuil, 2020, p.38
[180] BIHOUIX Philippe, *L'âge des low tech*, Paris, Le Seuil, 2014, p.233

cerveau humain a la spécificité de ne pas avoir terminé son développement. C'est donc en interagissant avec son environnement social qu'il s'enrichit. Sa force réside dans l'échange et le collectif comme le rappelle le sociologue Dominique Wolton : « L'essentiel pour l'Homme n'est pas l'image mais le contact »[181]. Le problème, c'est que les interactions numériques et les applications influencent considérablement le développement de notre cerveau et la fabrique de notre imaginaire. Un livre laisse notre cerveau s'imaginer le monde dans lequel évoluent les protagonistes alors que l'image, omniprésente grâce aux outils numériques, nous prive de cette liberté. Le You Tubeur Poisson Fécond vient par exemple de faire paraître un *livre augmenté* agrémenté d'images, qu'il faut lire en écoutant une musique spécifique fournie par une application. Le seul texte de l'ouvrage n'est alors plus suffisant pour comprendre l'œuvre. D'une manière plus générale, nous ne devons à aucun moment nous satisfaire du remplacement des interactions sociales par des interactions numériques. Un écran ne pourra jamais retranscrire la totalité du réel : une odeur, un échange, un sentiment, une découverte… De plus, en nous rendant dépendants à la dopamine, nos outils nous mettent plus que jamais sous la tutelle du striatum. Encore une fois, en multipliant les occasions de céder à celui-ci, le smartphone occupe une place particulièrement importante en la matière. Je peux commander de la nourriture directement livrée chez moi grâce à UberEats, rencontrer des partenaires sexuels potentiels n'importe quand sur Tinder, parler de moi et me sentir important grâce aux réseaux sociaux, accéder à un contenu vidéo illimité au fond de mon lit afin de m'occuper sans efforts et enfin prendre connaissance de quantités d'informations variées sur mon fil d'actualité ou sur des sites spécialisés. Ces exemples et bien d'autres

[181] WOLTON Dominique, *l'autre mondialisation*, Paris, Flammarion, 2e édition, 2010, 224 p.

mettent en évidence le fait que le caractère immédiat et accessible de toutes ces fonctionnalités réduit notre aptitude à ne pas céder au striatum. Cela est d'autant plus inquiétant que ce sont souvent les plus jeunes qui en pâtissent le plus car ils ont plus de difficultés à résister à la satisfaction instantanée de leurs désirs. Le smartphone, c'est la disponibilité, le caprice, la permanence de l'ego. Résultat : nous ne développons plus suffisamment notre cortex frontal, ce qui nous empêche d'envisager rapidement nombre de solutions souhaitables à même d'opérer une transformation culturelle, préalable indispensable à une véritable transition écologique permettant de sortir du productivisme. Le cortex frontal est le siège de la volonté et de la planification ; grâce à lui, nous pouvons nous projeter dans l'avenir ; ce sont là des critères déterminants de réussite professionnelle et personnelle[182] ; c'est en effet lui qui peut nous permettre de renoncer à un plaisir immédiat (issu de la dopamine) au profit d'un bénéfice futur supplémentaire. En d'autres termes, fournir des efforts aujourd'hui pour un monde plus juste et écologiquement désirable nécessite un cortex frontal performant. Les solutions individuelles impliquant des efforts, voire des renoncements, (boycott de l'huile de palme, végétarisme, etc.) sont autant de façons de renouer avec une volonté forte. **N'oublions jamais qu'une vie pauvre en épreuves du quotidien n'en est pas forcément plus heureuse**, tant s'en faut. Ce sont elles qui nous forgent.

Les connaissances précises sur le striatum et la dopamine sont relativement récentes. Ces dernières années, une partie des sciences cognitives s'est posé la question suivante : « L'idée d'une croissance infinie, même si elle entraîne la destruction de la Nature, ne serait-elle pas constitutive de notre cerveau, telle une malédiction ? ». Une multitude d'études peuvent nous aider à répondre à cette question. Dans ma grande mansuétude, je vais prendre le temps de vous décrire l'une

---

[182] BOLHER Sébastien, *Le bug humain*, *op. cit.*

d'entre elles. Celle-ci a testé un échantillon d'une centaine de personnes isolées dans une salle après avoir été équipées d'appareils permettant de surveiller les mouvements hormonaux dans leur cerveau. On leur a attribué une somme d'argent, gain qui a systématiquement entraîné une sécrétion de dopamine, ce qui est logique étant donné que l'intérêt lucratif est en lien avec bien des *moteurs* du système dopaminergique. Ensuite, on a proposé aux participants de conserver ce montant ou de le partager avec un inconnu. Ceux ayant décidé de le garder ont été récompensés par leur striatum qui leur a envoyé une nouvelle dose de dopamine ; vive les comportements égoïstes ! Première bonne nouvelle néanmoins : ceux qui ont accepté de partager ont obtenu autant de dopamine que leurs collègues plus égocentrés. Deuxième bonne nouvelle : nos amis altruistes ont également sécrété de la sérotonine, l'hormone de la sérénité et du bonheur. On peut en déduire qu'une société basée sur le partage, l'empathie et le don de soi procure à ses membres du plaisir mais aussi du bonheur. Pas mal non ? Troisième révélation (le meilleur pour la fin) : la grande majorité des personnes ayant choisi de partager sont des femmes. Aucune raison biologique à cela, c'est uniquement dû aux différences dans la manière d'éduquer les filles et les garçons[183]. Cela met en évidence l'influence de l'éducation dans nos prises de décisions tout au long de notre vie. Il nous faut par conséquent défendre un projet de société visant à modifier les *moteurs* du système dopaminergique, en favorisant les comportements de solidarité, d'empathie au détriment de ceux qui s'appuient sur la compétition et la concurrence. Il s'agirait par exemple de mettre en avant des personnalités altruistes, engagées et inspirantes, plutôt que celles qui influencent nos achats en faveur des entreprises les plus impliquées dans la destruction écologique. Ainsi,

[183] Questionnement posé par le neuroscientifique Sébastien Bohler lors d'une conférence à la Fondation Nicolas Hulot.

nous serions en mesure de rendre le striatum et le système dopaminergique productifs, au bénéfice de l'intérêt général. Bien sûr, ceci n'est qu'une ébauche de solutions qui demandent à être approfondies mais ce n'est pas l'objet de cet ouvrage. Vous pouvez néanmoins puiser dans mon précédent livre qui répondra mieux à vos attentes en la matière[184]. Il nous faut maintenant revenir sur ce que pourrait être un usage résilient du numérique. Par résilience, nous entendons ici la capacité des individus, des communautés, des institutions et des entreprises à survivre, à s'adapter et à améliorer les conditions d'existence malgré les chocs exogènes qu'ils pourraient subir. En la matière, l'absence d'une dépendance abusive vis-à-vis de l'extérieur et la maîtrise locale des technologies sont des conditions incontournables. C'est la raison pour laquelle je ne souhaite pas me satisfaire ici de solutions simplistes telles que le recours à des appareils reconditionnés. Certes, mieux vaut réutiliser un appareil retourné par un client que le jeter, avec les ressources naturelles qui le composent. Le reconditionnement reste néanmoins largement insuffisant. Nous avons vu que le recyclage massif des métaux était inenvisageable. Un numérique résilient implique le passage d'une logique individuelle à une logique collective. Le projet le plus résilient, écologique et juste exige que nous renoncions à la plupart de nos appareils connectés. Cela ne signifie pas l'abandon d'Internet qui demeure un outil essentiel à une société du partage. Il nous faudra installer à l'échelle des quartiers de multiples zones de connexion, semblables aux anciens cybercafés. Celles-ci pourront accueillir des ordinateurs fixes sélectionnés pour leur performance, leur résistance et leur indice de réparabilité bien plus fort que celui d'un ordinateur portable ou d'un smartphone. Après tout, ne pourrait-on pas visionner moins de clips vidéo mais multiplier les lieux

---

184 *Un monde à changer, petit manuel de transition pour sortir du productivisme*, Ed. Marie Delarbre, 2021, 360 p.

de culture et les occasions d'écouter en conditions réelles de la musique acoustique, la plus écologique de toutes ? Cet exposé vous paraît dépeindre un idéal encore lointain ? Des milliers d'acteurs contribuent pourtant tous les jours à le rendre crédible. À la métropole de Lyon, par exemple, nous avons voté en octobre 2021 le passage aux logiciels libres et la sortie des outils Microsoft, montrant ainsi à toutes les grandes collectivités que le carcan des GAFAM peut-être brisé. **Nous pouvons ainsi collectivement faire le choix du Low-Tech, de la convivialité, d'un Internet qui prend sens dans la vie d'un quartier et devient ainsi un lieu de sociabilité dans le monde réel.**

Conclusion

Tout et n'importe quoi,
tout le temps,
L'apathie est une tragédie,
L'ennui est un crime.
BO BURNHAM, HUMORISTE

Malgré tous les enjeux évoqués, beaucoup, y compris parmi les écologistes, estiment que le smartphone a la capacité d'accélérer un changement social souhaitable. Cela, en permettant des prises de conscience massives et rapides et en facilitant ainsi l'émergence de mobilisations sociales efficaces. Les outils numériques ont donc globalement été profitables à la liberté d'expression et à l'émancipation de la parole. D'ailleurs, d'après l'Organisation des Nations Unies pour l'Éducation, la Science et la Culture (UNESCO), Internet a permis de faire progresser l'expression à une échelle internationale, notamment grâce à son accessibilité et à sa gratuité[185]. Il s'est révélé déterminant dans l'avènement des Printemps Arabes, dans le déliement des langues avec le #MeToo, dans l'apparition du mouvement des Gilets jaunes, dans l'organisation des fameuses marches pour le climat qui ont succédé à la démission de Nicolas Hulot… Avec les réseaux sociaux, l'on dispose d'un fort potentiel de rassemblement d'une multitude d'individus sur un même événement. Des vidéos, des images, des articles sensibilisent, provoquent des *déclics*, des passages à l'action. Il est vrai que, sans cela, une personnalité telle que Greta

---

[185] DUTTON William H., DOPATKA Anna, HILLS Michael, LAW Ginette, NASH Victoria : *Liberté de connexion, Liberté d'expression. Ecologie dynamique des lois et règlements qui façonnent l'Internet.* Edition UNESCO. 2012, 109 p.

Thunberg n'aurait pas eu la même influence, la mobilisation des plus jeunes n'aurait peut-être pas eu lieu et des mouvements comme Youth for Climate ou Extinction Rebellion n'auraient probablement pas vu le jour. Nous aurions donc ici affaire à un militantisme 2.0 dont les modalités diffèrent grandement de ses formes plus traditionnelles, notamment par **la facilité avec laquelle nous pouvons désormais nous considérer comme militants.**

« Nous avons eu les étoiles jaunes, à quoi est-ce que le peuple de France aura droit pour marquer son opposition à ce passe sanitaire contraire à nos libertés que le gouvernement nous impose ? ». Pour beaucoup, les réseaux sociaux deviennent un exutoire ; c'est utile, me direz-vous. Malheureusement, cela se fait au détriment du terrain, des associations, des lieux où se jouent véritablement les luttes. Pour certains, plus besoin d'un engagement véritable puisque les réseaux sociaux sont là pour leur donner le sentiment qu'ils sont libres d'exprimer leur point de vue et qu'ils sont ainsi à même de faire avancer leur propre cause. Les discussions par commentaires interposés entretiennent l'illusion d'un pouvoir de conviction. Je suis catégorique, il est rarissime de convaincre dans un débat sur un réseau social pour la simple et bonne raison que ceux qui s'y expriment incarnent une minorité absolument sûre de sa propre rhétorique. Il s'agit alors généralement d'une guerre d'ego. Cela nous éloigne malheureusement du terrain, du réel ; c'est dans la *vraie vie* qu'il nous faut avoir ces discussions. L'expression y est différente et il s'avère alors bien plus aisé de faire passer une valeur, une émotion et donc de diffuser une idée. Nous sommes ici au cœur des dérives du cyber militantisme. Celui-ci s'accompagne très souvent d'une méfiance envers la presse traditionnelle, accusée d'être, au mieux, inutile, alors qu'Internet offre l'opportunité de partager massivement n'importe quel article, n'importe quelle information. C'est en cela que se complexifie la lutte contre les fakes *news*, puisque certains s'informent uniquement via les réseaux sociaux grâce à un fil d'actualité inondé d'articles provenant de sources obscures[186]. Plus grave encore, même lorsqu'elle ne débouche pas sur une méfiance trop prononcée vis-à-vis des médias, cette façon de s'informer nous rend moins exigeants. On a alors tendance à penser que n'importe quel article nous en apprend autant qu'un ouvrage spécialisé. À titre d'exemple, *Le Figaro* résumant le documentaire *La face cachée des énergies renouvelables* proposera une analyse clairement plus orientée et moins riche que *La guerre des métaux rares* écrit par Guillaume Pitron et dont ledit documentaire s'inspire. Enfin, il nous faut avoir à l'esprit que **le fait de se reposer sur les outils numériques pour l'organisation d'actions associatives et militantes a pour conséquence évidente de baser le calendrier de l'engagement sur des algorithmes dont la neutralité est contestée**. Nous pouvons collectivement nous interroger sur la réaction des GAFAM si montaient en puissance des revendications à leur encontre. Compte tenu du fait que les associations et collectifs se servent de leurs outils pour organiser la visibilité de leurs convictions (que cela soit sur le terrain ou en ligne), resteraient-ils vraiment impassibles ? Nombre d'entreprises ou de partis politiques se sont allègrement servis de données collectées pour mettre en place une campagne de communication efficace. « Vous êtes sensibles à l'environnement et souhaitez une transition écologique de la société ? C'est parfait, nous faisons partie de la solution car nous reversons une partie de nos bénéfices à des actions en

---

[186] Encouragé par le biais cognitif de confirmation. Également dénommé biais de confirmation d'hypothèse, il est le biais cognitif qui consiste à privilégier les informations confirmant ses idées préconçues ou ses hypothèses et/ou à accorder moins de poids aux hypothèses et informations jouant en défaveur de ses conceptions, ce qui se traduit par une réticence à changer d'avis. Ce biais se manifeste chez un individu lorsqu'il rassemble des éléments ou se rappelle des informations mémorisées, de manière sélective, les interprétant d'une manière biaisée.

faveur de la protection de l'environnement un jour par an… Pour mieux vous convaincre, nous utiliserons la citation militante la plus partagée sur les réseaux dans les dernières années »[187].

Tout en ayant à l'esprit ces limites, on ne peut nier que les outils numériques donnent accès à des services précieux pour les associations. Cela dépasse amplement les seuls réseaux sociaux : documents collaboratifs, logiciels de graphisme en ligne, services de communication professionnelle, etc. Cependant, **tous ces avantages sont avant tout disponibles sur ordinateur et le smartphone n'est alors plus indispensable.** Certes, nous l'avons vu, se passer de celui-ci ne suffira pas à construire une société résiliente. Il reste tout de même indéniable que plus nous nous enfonçons dans le tout technologique, plus improbable sera l'avènement d'une société véritablement écologique. Or, le smartphone est la pierre angulaire de la numérisation galopante et le levier essentiel de l'essor prochain des objets intelligents. Au demeurant, il y a également une réflexion collective à mener autour de la question du sens : ces technologies nous rendent-elles plus heureux et, si la réponse est non, pourquoi fait-on tout de même ce choix de société ?

J'ai débuté dans le militantisme écologiste en 2010 ; depuis, ce qui me semblait relever de l'impossible a très souvent été dépassé par la réalité. Dans le cadre de milliers d'animations réalisées ces dernières années sur des sujets aussi variés que le changement climatique, la déforestation ou l'élevage industriel, j'ai eu maintes fois l'occasion de prévenir les publics d'éventuelles catastrophes à venir. La fonte du permafrost me semblait être une réalité bien trop cauchemardesque pour être crédible. L'année 2014 fut pourtant celle des premières

---

[187] Il s'agit à peu de choses près de la campagne publicitaire initiée par Danone en septembre 2018, alors que le mouvement d'une jeunesse écologiste et des marches pour le climat s'organisaient au grand jour.

fontes de cette glace supposément éternelle, et rendit par conséquent plus crédible que jamais le scénario d'un emballement climatique[188]. Mais le cas de la pandémie de Covid-19 est probablement l'exemple le plus marquant. Cela faisait bien des années que j'évoquais la possibilité d'une pandémie d'origine zoonotique en me basant sur les études de l'Organisation Mondiale de la Santé (OMS). Malgré cela, les événements survenus en 2020 et 2021 ont été un choc pour quiconque. Désormais, l'idée que notre société puisse évoluer vers le tout technologique et l'intelligence artificielle me laisse à penser que **chacun d'entre nous doit prendre ces inquiétudes au sérieux**. Certaines personnes des plus averties doutent pourtant de la gravité de la situation. Elles considèrent par exemple que la société Apple démontre par sa déontologie que les GAFAM peuvent avoir des comportements éthiques. Celle-ci ferait office d'exemple en matière de lutte contre l'exploitation des données personnelles. Pourtant, si son PDG, Tim Cook, rappelle régulièrement son attachement à la protection de la vie privée, il oublie de mentionner que l'existence de l'App Store (et donc de l'iPhone) se base sur des milliers d'applications qui incarnent un modèle économique reposant sur l'exploitation des données. On pourrait également évoquer l'organisation France Digitale qui a déposé plainte en mars 2021 contre Apple auprès de la Commission Nationale de L'Informatique et des Libertés (CNIL) pour atteinte au Règlement Général sur la Protection des Données (RGPD) du fait de sa politique de publicités personnalisées sur iPhone[189].

---

[188] Le permafrost ayant effectivement capturé de gigantesques quantités de gaz à effet de serre durant la dernière ère glaciaire.

[189] < https://www.france24.com/fr/%C3%A9co-tech/20210310-plainte-contre-apple-la-r%C3%A9volte-des-nouveaux-prol%C3%A9taires-du-web > (consulté le 26 octobre 2021).

Le rapport du GIEC, dont les différentes parties sont en plein processus de parution à l'heure où j'écris ces lignes, et les fuites volontairement orchestrées doivent nous éclairer. Les chercheurs de cet organisme international, tout comme ceux de son équivalent pour la biodiversité, l'IPBES, sont de plus en plus nombreux à politiser leur discours et à faire savoir qu'il est impératif que nous changions radicalement de système économique[190]. Tel le choc pétrolier de 1973, la pandémie constitue un véritable choc exogène, de ceux-là qui peuvent accélérer l'évolution des sociétés. Reste à déterminer le modèle vers lequel nous allons tendre. Une transition écologique biocentrique reposant sur la recherche du bien-être ou son antithèse qui souhaite s'appuyer sur le numérique et l'intelligence artificielle ? Pour la première fois, les générations les plus jeunes se mobilisent massivement pour le climat afin de sortir nos États de l'inaction, réduisent leurs déchets, mangent de manière alternative, prennent garde à leur consommation d'électricité… Paradoxalement, elles sont également malgré elles au cœur du développement de l'industrie numérique libertarienne dépeinte dans cet ouvrage. Celle-là même qui ne risque désormais plus qu'aucune autre de nous amener aux limites physiques de notre planète et d'entraîner les pires conséquences. Je fais donc le pari que le rejet du smartphone est la clé qui permettra d'envisager un avenir serein et de poursuivre les efforts déjà réalisés. C'est pour toutes ces raisons que les événements et les choix collectifs de ces prochaines années auront un impact déterminant, que l'on espère une transition écologique, une révolution ou un effondrement productif. **Alors : on le change ce monde ?**

Soyons exigeants et ne perdons jamais de vue l'Utopie, aujourd'hui comme demain.

---

[190] < https://ipbes.net/pandemics > (consulté le 26 octobre 2021).

Bibliographie

I — Au sujet des ressources naturelles et des impacts environnementaux

BERLIGEN Flore, *Recyclage : le grand enfumage*, Paris, Rue de l'échiquier, 2020, 128 pages.
BIHOUIX Philippe, *L'âge des low tech*, Paris, Le Seuil, 2014, 336 pages.
BORDAGE Frédéric, « Empreinte environnementale du numérique mondiale », GreenIT, septembre 2019, 40 pages.
EFOUI-HESS Maxime, « Climat : l'insoutenable usage de la vidéo en ligne », *The Shift Project*, juillet 2019, 36 pages.
FANGEAT Erwann, Deloitte Développement Durable, DEPROUW Alice, JOVER Marion, CHOUVENC Sarah, PENSEC Alexandra, *Rapport Annuel du registre des déchets d'équipements électriques et électroniques*, ADEME, 2018, 119 pages.
FLIPO Fabrice, DOBRE Michelle, MICHOT Marion, *La face cachée du Numérique*, L'échappée, 2013, 128 pages.
PITRON Guillaume, La *guerre des métaux rares, la face cachée de la transition énergétique et numérique*, Paris, Les liens qui libèrent, 2018, 293 pages.

II — Au sujet des impacts sociaux et cognitifs

BACH Jean-François, HOUDE Olivier, LENA Pierre et TISSERON Serge, *L'enfant et les écrans*, Académie des sciences, 2013, 272 pages.
BERGSTRÖM Marie, *Les nouvelles lois de l'amour*, Paris, La découverte, 2019, 228 pages.
BOLHER Sébastien, *Le bug humain*, Paris, Robert Laffont, 222 pages.

DESMURGET Michel, *La fabrique du crétin digital – les dangers des écrans pour nos enfants*, Paris, Seuil, 2019, 576 pages.
DUGUAIN Marc, LABBE Christophe, *L'Homme nu*, Paris, Pocket, 2017, 186 pages.
CREDOC, *Baromètre du numérique 2019*, 2020, 250 pages.

III — Au sujet des retombées politiques

BRYGO Julien, « Peut-on encore vivre sans internet ? », *Le Monde diplomatique*, août 2019, n° 785, p. 18-19.
CHOMSKY Noam, *Comprendre le pouvoir : l'indispensable de Chomsky*, Paris, Lux Éditions, 2008, 624 pages.
ELLUL Jacques, *Le système technicien*, Paris, Cherche-midi, 2012, 344 pages.
ELLUL Jacques, *La technique ou l'enjeu du siècle*, Paris, Économisa, 2008, 423 pages.
FOUCAULT Michel, *Sécurité, territoire, population (1977-1978)*, Paris, EHESS, Gallimard, Le Seuil, Coll. Hautes études, 2004, 435 p.
GORZ André, *Leur écologie et la nôtre*, Paris, Le Seuil, 2020, p. 38
GORZ André, *Ecologica*, Paris, Galilée, 2008, 158 pages.
GORZ André, *Écologie et politique*, Paris, Galilée, 1975, 336 pages.
Ivan ILLICH, *La convivialité*, Paris, Points, 158 pages.
RIMBERT Pierre, « Données personnelles, une affaire politique », *Le Monde diplomatique*, n° 750, septembre 2016, p. 3-4.
ZUBOFF Shoshana, « Un capitalisme de surveillance », *Le Monde diplomatique*, n°778, janvier 2019, p. 10-11.

Achevé d'imprimé en avril 2023 sur les presses de Kawtar Print, 271 avenue Hassan II, Rabat, 10 000, Maroc.
Dépôt Légal : 2023MO1474
ISBN : 978-9920-662-08-6